热带果树高效生产技术丛书

火龙果栽培与病虫害防治彩色图说

李洪立　胡文斌 ◎ 主编

中国农业出版社
农村读物出版社
北　京

图书在版编目（CIP）数据

火龙果栽培与病虫害防治彩色图说/李洪立，胡文斌主编．—北京：中国农业出版社，2023.4

（热带果树高效生产技术丛书）

ISBN 978-7-109-30627-1

Ⅰ.①火… Ⅱ.①李… ②胡… Ⅲ.①热带及亚热带果－果树园艺－图解②热带及亚热带果－病虫害防治－图解 Ⅳ.①S667-64②S436.67-64

中国国家版本馆CIP数据核字（2023）第069050号

中国农业出版社出版

地址：北京市朝阳区麦子店街18号楼

邮编：100125

责任编辑：黄　宇　杨彦君

版式设计：杜　然　　责任校对：吴丽婷　　责任印制：王　宏

印刷：中农印务有限公司

版次：2023年4月第1版

印次：2023年4月北京第1次印刷

发行：新华书店北京发行所

开本：880mm × 1230mm　1/32

印张：3

字数：83千字

定价：24.00元

“热带果树高效生产技术丛书”编委会名单

编委会名单

主　　编：李洪立　胡文斌

副 主 编：张中润　陈业渊　刘友接

参编人员：汤　华　刘代兴　张俊芳

　　　　　苏　明　郑勇健　孙佩光

　　　　　吴佩聪

前言

火龙果是近年较受欢迎的一种经济效益较高的热带、亚热带水果，具有较高的营养价值、药用价值以及观赏价值。火龙果原产于墨西哥南部及中美洲诸国，现在尼加拉瓜、哥伦比亚、墨西哥、哥斯达黎加、秘鲁、澳大利亚、美国、中国、越南、以色列、马来西亚、印度尼西亚、菲律宾、泰国和印度等国都有一定的种植面积。近年来，东南亚的火龙果种植面积不断扩大，越南和泰国发展尤为迅速，已经成为火龙果主要的出口国。

我国从20世纪90年代开始引进试种，主产区集中在广西、广东、海南、贵州、云南、福建等少数热带及亚热带地区。据不完全统计，截至2020年底，全国（除台湾省外）火龙果种植面积已达6.8万公顷。由于火龙果生命力强、易栽培、耐旱耐贫瘠且高产，能够迅速为种植者带来效益，因此在我国热带和亚热带地区的种植业结构调整中逐渐占据重要地位。

在快速发展的过程中，火龙果生产经营存在诸多问题，一是主栽品种多样性不足，大红系列栽培面积过大，同名异品、同品异名等品种混淆现象严重；二是栽培技术标准化程度不足，精品果标准化高效生态栽培技术的推广应用力度不够，机械化水平不高，病虫害问题日益突出；三是产期集中，夏季集中上市，冬季果比例较低；四是加工产业滞后，火龙果主要还是以鲜食为主，加工产业规模不大，加工技术含量低，产品质量不高，缺乏精深加工环节。这些问题制约着火龙果产业的发展。

本书对火龙果的主要品种、品种选择、园地选择、水肥管理、土壤管理、病虫害防治、采后处理等方面进行了详细的介绍，重点阐述了溃疡病、煤烟病、炭疽病等病害和橘小实蝇、斜纹夜蛾、蓟马等虫害的成因与防治，立足实用性和先进性，让广大果农更全面地了解火龙果优良品种及先进栽培管理技术，以期为我国的火龙果产业发展助力。

中国热带农业科学院热带作物品种资源研究所作为国家特色作物（火龙果）重大科研联合攻关首席单位，在科技部、财政部国家科技资源共享服务平台——国家热带植物种质资源库（火龙果种质资源分库）、农业农村部新设财政项目“特色热带作物种质资源精准鉴定与新品种培育——火龙果种质资源精准鉴定与新品种培育”、海南省重大科技计划项目“热带果树种质资源精准评价与创新利用”、农业绿色发展先行先试支撑体系建设项目“火龙果化肥减施增效技术应用试验项目”等国家级、省部级及地方课题的资助下，经过多年科研攻关，建立了火龙果“节本、优质、高效、生态、安全”的生产技术体系，为火龙果的栽培生产奠定了理论基础，提供了技术保障，有力地推动了我国火龙果产业的健康可持续发展。

本书在编写过程中，借鉴了多位同行的研究成果和文献资料，在此表示衷心的感谢！

由于编者水平所限，书中疏漏和不足之处在所难免，恳请广大读者批评指正。

李洪立

2022年12月

目录

前言

第一章　火龙果主要种类及品种

火龙果（*Hylocereus* spp.）又名红龙果、青龙果等，属仙人掌科（Cactaceae）多年生攀缘植物，原产于墨西哥南部及中美洲诸国，是近年在热带、亚热带地区发展起来的具有较高营养价值、药用价值以及观赏价值的果树。

广义上，火龙果指果用型仙人掌果，包括攀附型仙人掌果和柱状仙人掌果，一般指攀附型仙人掌果，主要来自仙人掌科量天尺属（*Hylocereus*）或蛇鞭柱属（*Selenicereus*），在长期的自然演化和人工选育过程中形成了丰富的种质资源。火龙果品种主要由量天尺属物种演化形成，量天尺属是美洲特有属，目前记载的18个物种，全部分布在美洲地区。目前火龙果主要栽培种为量天尺属的白肉火龙果（*H. undatus*）和红肉火龙果（*H. costaricensis*、*H. polyrhizus*），而世界上多数火龙果栽培品种都是由*H. undatus*改良培育的，个别品种则是通过属内或属间物种杂交获得。有刺黄皮白肉种（黄龙果，*H. megalanthus*）是近几年新兴的品种，但是目前市场上较为少见，该种果实较小，果实种子较大，口味清甜，是量天尺属物种和蛇鞭柱属物种通过异源杂交而形成的属间杂交四倍体。

火龙果富含甜菜素、维生素C、膳食纤维、植物性白蛋白等成分，具有食疗、保健等多种功能，对预防便秘、降血压、降血脂、解毒、润肺、明目、养颜等有一定效果，具有较高的经济价值和营养价值。火龙果人工栽培遍及中南美洲（厄瓜多尔、哥伦比亚、墨西哥等）、亚洲（中国、以色列、越南、泰国等）、大洋洲等地。20世纪90年代初引入我国台湾地区种植，然后依次引入广东、广西、海南、贵州和福建等地，由于火龙果具有品质优、产量高、风险小、易种植、投产快等特点，成为热带、亚热带地区农业产业升级、农民增收的主要经济作物之一，火龙果产业作为特色产业得到迅猛发展，商业化和规模化栽培面积迅速扩大。我国南方大部分地区均有栽培，此外，在长江以北的山东、河南等地也有温室大棚栽培。截至2020年底，据不完全统计，全国（除台湾省外）火龙果种植面积已发展到100万亩*左右，种植业产值超过了150亿元，并初步形成了加工、销售等配套产业，但存在种植企业较多、加工企业偏少的问题。

火龙果研究在中国起步较晚，在新品种选育方面与国外相比还有较大差距，且国内的火龙果市场因受到越南火龙果市场的冲击，发展面临巨大挑战。因此，培育优质高产的新品种、研发火龙果的高效栽培技术、创新火龙果的加工产品，是推动火龙果产业健康持续发展的源动力。

一、主要种类

目前，火龙果作为仙人掌科植物中果用栽培的新兴热带经济作物，广泛栽培的品种资源主要来自量天尺属（*Hylocereus*）和蛇鞭柱属（*Selenicereus*），包括量天尺属的白肉系列（红皮白肉型、无刺黄皮白肉型）、红肉系列（红皮红肉型、红皮紫肉型）以及蛇鞭柱属的有刺黄皮白肉系列3类。

二、主要品种

我国不是火龙果原产国，早期引进品种主要来自中南美洲国家及越南等地。我国火龙果品种选育始于20世纪80年代，由台湾地区吴沛然、吴连芳等农友开展，之后凤山热带园艺试验分所等单位也开始开展品种选育工作。主要利用中南美洲原生种与越南主栽品种进行杂交选育，经过多年努力，培育了石火泉、富贵红、蜜宝、大红、喜香红、福龙、帝龙、甜龙、三色龙、台农1号等10余个品种。大陆自1998年引种开始，逐步开展火龙果品种改良和选育工作，截至目前陆续审定了20多个火龙果品种，包括莞华

* 亩为非法定计量单位，1亩≈667米^2。余后同。——编者注

系列（莞华红、莞华白、莞华粉红）、双色1号、桂红龙、紫红龙、粉红龙、晶红龙、紫龙等。下面简要介绍我国种植的主要火龙果品种。

1.大红　大红是从我国台湾省引进的新品种，由陈永池、蔡冬训两位农友选育，为丰产品种，在管理比较到位的情况下，平均亩产达4 000千克以上。该品种为自花授粉品种，年结果12～15批，从现蕾到开花16～18天，从开花到果实成熟30～38天。枝条平直、粗壮，整体绿色，边缘缺刻明显（图1-1）；刺座稀疏，着生于枝条凹陷处；果实长椭圆形，成熟后鳞片红色，下半部分贴着果皮，平均单果重约500克，最大的达0.9千克；果皮深红色至紫红色（图1-2），果实的可溶性固形物含量达18%～20%，水分充足，入口细腻，口感好，货架期达15天以上。高温下，果实成熟后在树体上的挂果时间达15天以上；温度较低的情况下，果实成熟后在树体上的挂果时间大于30天。该品种耐热、耐水、耐旱、抗风、耐高温能力强。

图1-1　大红枝条与果实

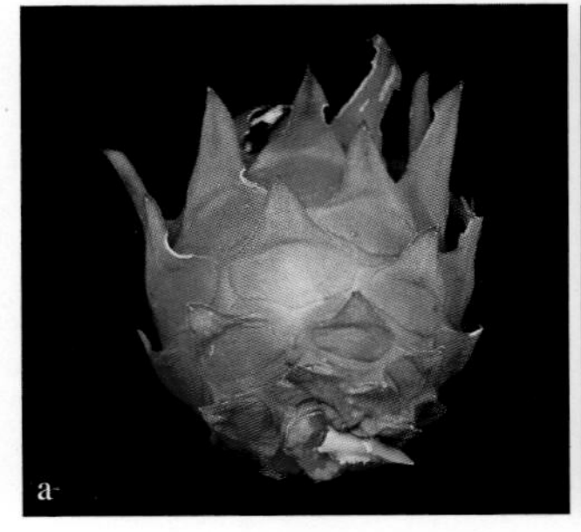

图1-2　大红成熟果（a）和果肉（b）

2.金都1号 金都1号火龙果（审定编号：桂审果2016007号）由广西南宁金之都农业发展有限公司从中南美洲火龙果原种与红肉种的杂交后代中选育而成。该品种自花授粉，果实长圆形至短椭圆形，平均单果重524克，平均纵径11.2厘米，平均横径9.6厘米（图1-3、图1-4）；果萼鳞片短且薄，顶部浅紫红色；成熟果皮深紫红色，厚度2.19毫米，果肉深紫红色，肉质柔软细腻多汁，果心可溶性固形物含量18.1%～21.2%（图1-5）；种子黑色，芝麻状，可食用，品质优。目前在广东、广西、海南等地大量种植。

图1-3 金都1号枝条与果实

图1-4 金都1号花

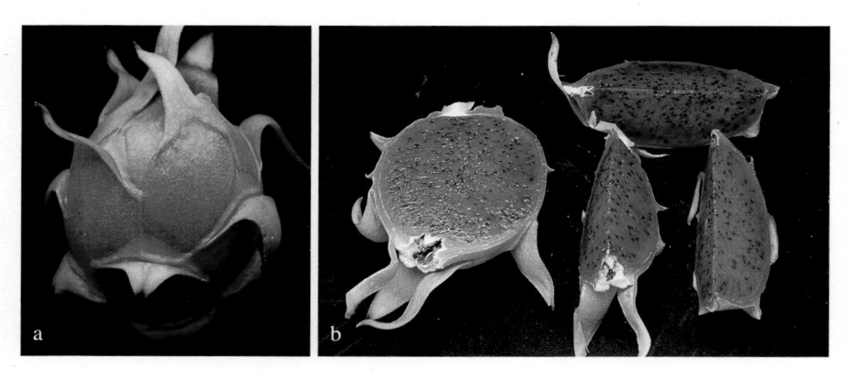

图1-5 金都1号成熟果（a）和果肉（b）

3.蜜红 蜜红火龙果为台湾省选育的火龙果良种，自花授粉，果实长圆形至椭圆形，平均单果重650克，最大可达1 540克。成熟果皮深紫红色，较薄，平均厚度1.58毫米，果肉深紫红色，肉质软脆多汁，果心可溶性固形物含量18%～23%（图1-6至图1-8）；种子黑芝麻状，可食用，口感好，品质优。扦插苗定植后第一年部分植株初产果，第二年株产4千克左右，第三年进入盛果期，株产达6.6千克，无大小年。

图1-6 蜜红花

图1-7 蜜红枝条与果实

图1-8 蜜红成熟果（a）和果肉（b）

4.桂红龙1号 桂红龙1号火龙果（审定编号：桂审果2014006号）是广西壮族自治区农业科学院园艺研究所等单位从普通红肉火龙果的芽变单株中选育而成。自花授粉，果实长圆形，纵径8.0～12.5厘米，横径7.0～12.0厘米；鳞片26～32枚，较长，中等厚，不反卷，鳞片顶部呈紫红色（图1-9）；果脐收口较深，为1.0～1.5厘米，不易裂果。单果重400～900克，果心可溶性固形物含量18%～22%，边缘可溶性固形物含量12.0%～13.5%；果皮玫红色，果肉深紫红色，肉质细腻，易流汁，味清甜，略有玫瑰香味，品质优良（图1-10）；种子黑色，中等大，较疏。

图1-9 桂红龙1号花和枝条

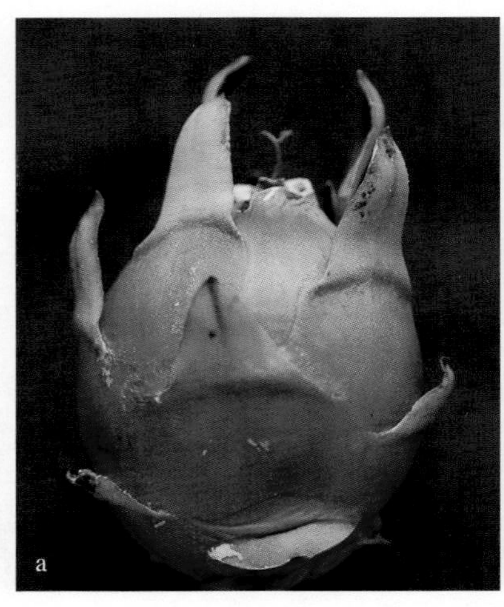

图1-10 桂红龙1号成熟果（a）和果肉（b）

5.美龙1号　美龙1号火龙果(审定编号:桂审果2016008号)是广西壮族自治区农业科学院园艺研究所等单位从越南引进的哥斯达黎加红肉火龙果和白玉龙火龙果杂交组合的后代实生苗中筛选出的优良单株，自然授粉结实。果实椭圆形，平均纵径12.4厘米，平均横径8.6厘米，平均单果重525克；果皮鲜红色，厚度2.4毫米；鳞片较长，绿色至黄绿色，中等宽，呈长反卷；果肉大红色，果肉中心平均可溶性固形物含量20.1%，果肉边缘平均可溶性固形物含量14.9%，肉质爽脆，清甜微香，品质优良（图1-11）。

图1-11　美龙1号成熟果及果肉

6.美龙2号　美龙2号火龙果是广西南宁振企农业科技开发有限公司从红翠龙火龙果的芽变后代中选育出的品种，2014年通过广西农作物新品种登记。生产上自然授粉结果率约92%，植株长势中等，枝条粗壮，略有波纹；果实近球形，果皮红色带紫，皮厚，鳞片宽；果肉紫红色，可溶性固形物含量18%～20%，肉质细滑，味清甜，品质优（图1-12）；500克以上的大果率约为61%，单果重500～1 000克，最大单果重1 000克以上。常温货架期5～7天，皮厚不裂果，成熟后留树期10～30天，综合抗病力中等。

图1-12　美龙2号成熟果及果肉

7.富贵红 富贵红火龙果为台湾省果农选育的品种，自花授粉。果实椭圆形，平均单果重445.6克，最大可达1 000克以上；果皮较薄，平均厚度2.34毫米，呈玫红色，色泽艳丽，外着生红色肉质叶状鳞片，边缘及片尖呈绿色，不规则排列；果肉紫红色，肉质软脆，汁多，可溶性固形物含量在不同果肉部位有明显差异，一般以果心处较高，可达6% ~ 21%，且产期越晚的果实糖度越高；黑芝麻状种子可食用，品质优（图1-13）。

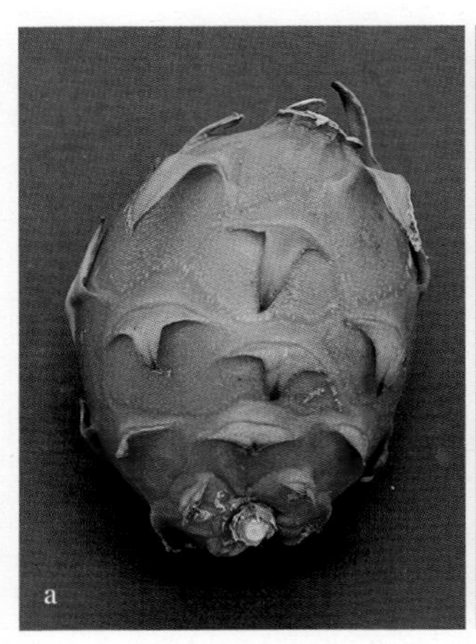

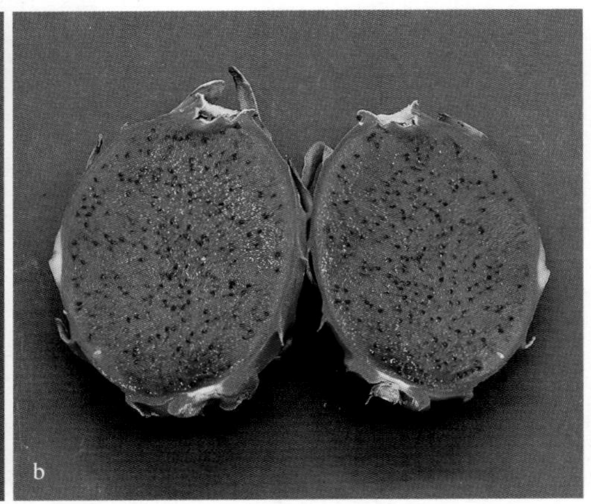

图1-13 富贵红成熟果（a）和果肉（b）

8.白玉龙 白玉龙火龙果由台湾省引进，果实椭圆形至长圆形，平均单果重425克，最大果重1 000克；果皮紫红色，有光泽，厚度2.2 ~ 2.3毫米，其上着生软质绿色鳞片22 ~ 28片，细长、较薄，不规则排列；果肉白色，平均可溶性固形物含量11.6%，平均总酸含量约0.61%，每100克果肉平均维生素C含量为8.14毫克，肉质清脆、多汁，甜中略带微酸；肉间密生黑芝麻状种子，种子细软，可食用，品质中等（图1-14）。

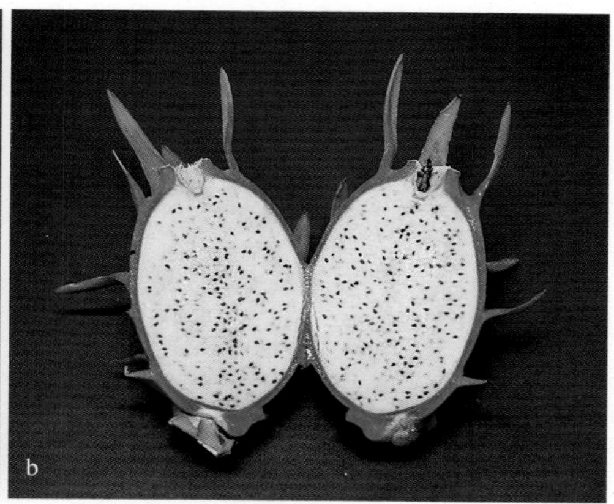

图1-14　白玉龙成熟果（a）和果肉（b）

9.红水晶　红水晶火龙果为红皮红肉型品种，自交不亲和。果实近圆形，鳞片外翻卷曲，果肉紫红色；平均单果重约350克，花期是5月初至10月初，从萌蕾至开花需15天，开花后到果实成熟需30 ~ 40天（图1-15）。红水晶皮薄，在水分充足的条件下易出现裂果，果实可溶性固形物含量可达18% ~ 22%，口感极佳。

图1-15　红水晶成熟果（a）和果肉（b）

10.白水晶　白水晶火龙果为红皮白肉型品种，自交不亲和。花期是5—10月，开花后30 ~ 45天成熟。果带刺，刺长且数量少，易脱落（图1-16）；平均单果重约200克，果肉白色，当成熟时，果肉变为半透明，如果冻和水晶一般，果实可溶性固形物含量可达到18%～22%，肉质软滑，口感好，风味佳（图1-17）。

图1-16 白水晶枝条与果实

图1-17 白水晶成熟果和果肉

11.双色1号 双色1号火龙果（审定编号：粤审果2017005号）的申请者为华南农业大学园艺学院，育种者为华南农业大学园艺学院、东莞市林业科学研究所。该品种是广州市从化区大丘园农场从引进的红水晶火龙果实生繁殖群体中通过单株优选而成，属外红内白类型火龙果品种。丰产性良好，扦插苗定植后第二年开始结果，自花结实能力较强。果实近球形，平均单果重350.7克，果皮暗红色，果肉外红内白，肉质软滑，香味独特，平均可溶性固形物含量13.5%，平均总糖含量9.8%，品质优良（图1-18至图1-20）。

图1-18 双色1号枝条与花

图1-19 双色1号枝条与果实

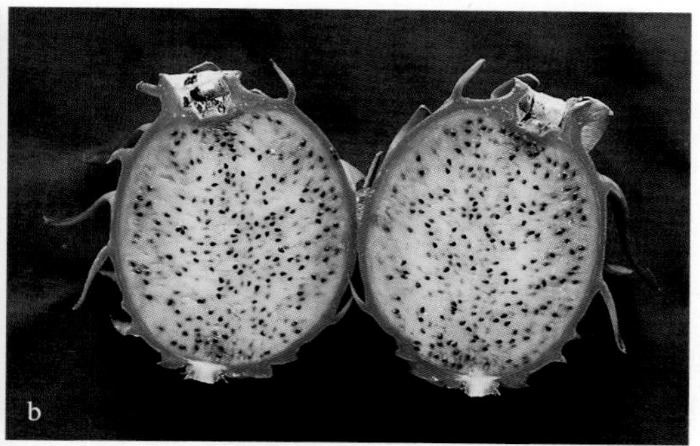

图1-20　双色1号成熟果（a）和果肉（b）

12.青龙　青龙火龙果最佳风味期间的果皮色仍为绿色，但挂果超过50天以上，果皮色会转为不均匀的红色，肉色有红色与白色2种（青皮白肉与青皮红肉），果实风味淡薄。本品系的果皮虽具有特色，但因采收成熟度不易判定，并且考虑到消费者的接受性，种植者很少。

青皮白肉：植株长势较旺，花红色，果椭圆形，果皮绿色且较厚，鳞片绿色、较脆，果肉白色，平均果重200克左右；品质特优，口感清脆，肉质细腻软滑、清甜，有一种特殊的香味，口感极佳，可溶性固形物含量20%以上（图1-21）。青皮白肉火龙果自交不亲和，需要异花授粉，否则果较小，产量低。

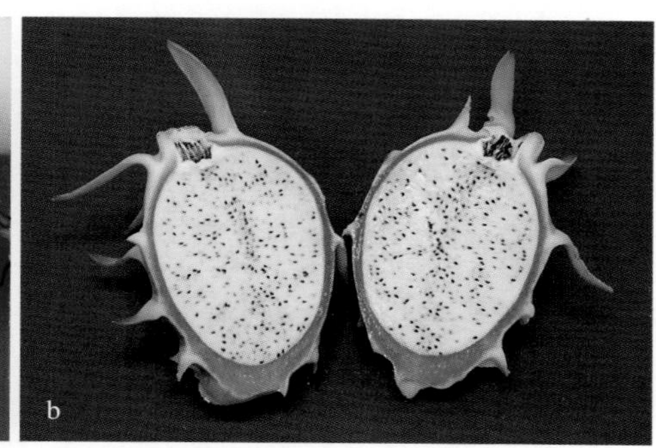

图1-21　青皮白肉火龙果成熟果（a）和果肉（b）

青皮红肉：花瓣乳白色，花被绿色；果椭圆形，果皮和鳞片绿色；果大，平均果重430克左右；果肉红色，中心可溶性固形物含量16%左右，肉质软滑、多汁，品质一般（图1-22）。在夏季，青皮红肉从现花蕾至花开放需要16 ~ 18天，花谢后30 ~ 35天果实成熟。果皮由绿色转成绿中带红时表示果实成熟过度，果肉会变质而不能食用。青皮红肉火龙果果实大，产量高，品质一般，果实成熟时果肉中心易腐烂。

图1-22 青皮红肉火龙果成熟果（a）和果肉（b）

13.以色列黄龙 无刺黄龙源自以色列，自花授粉品种，色泽金黄、耐储运。该品种个头大、无裂果，产量高且口感好，具有抗病、耐旱、耐寒，亩产量高等优点，亩产2 000 ~ 2 500千克，果期在每年的6—12月（图1-23）。

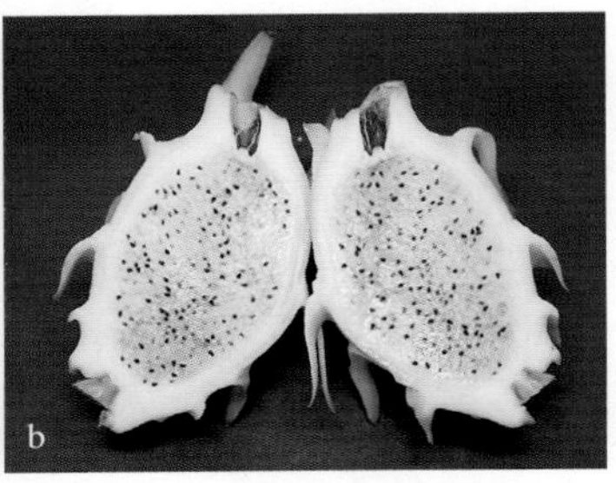

图1-23 以色列黄龙成熟果（a）和果肉（b）

14.燕窝果　燕窝果，原产于中美洲。黄皮白肉，花果带刺，抗病性弱。果实成熟期长，从开花到果实成熟，需要4～5个月的时间，单果也比普通红心火龙果轻，平均约200克，果肉结构呈细丝状，滑如燕窝，香甜可口（图1-24至图1-26）。

图1-24　燕窝果花

图1-25　燕窝果枝条和果实

图1-26　燕窝果成熟果（a）和果肉（b）

第二章　火龙果生物学特性及其对环境的要求

一、火龙果生长特性

（一）根

火龙果根系特别发达，无明显主根（图2-1），根系较浅，多分布在2～15厘米表土层中；茎蔓易生气生根，茎节上长有攀缘根，攀缘于棚架或其他柱状支撑物以向上生长。

图2-1　火龙果根

（二）茎

火龙果为多年生肉质植物，生长旺盛，萌芽力和发枝力较强。一年四季均可生长，无休眠期或休眠特性不明显；植株生长迅速，一年可长7～10厘米。植株无叶片，光合作用靠茎蔓来完成，茎蔓深绿色、肉质、粗壮，多呈三角柱形或四棱柱形，每段茎节刺座处各生有短刺1～6枚；主茎一般有6～12条主要分枝作为结果枝，植株长成后茎径可达6～10厘米（图2-2、图2-3）。

图2-2　火龙果茎的多样性

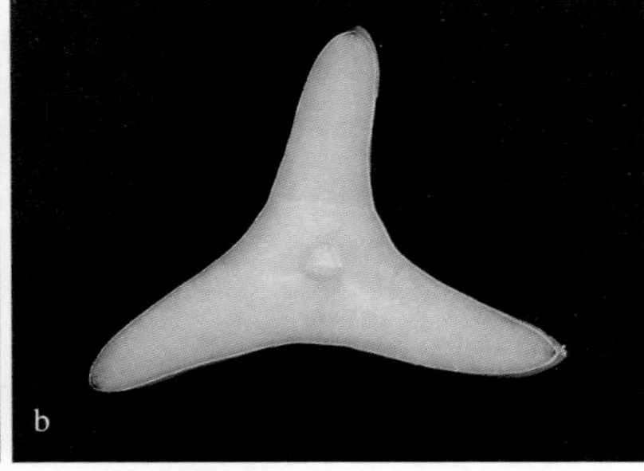

图2-3　火龙果嫩茎（a）和茎横截面（b）

二、开花结果习性

（一）花芽分化

在营养积累足够、温度适宜且光照达到12小时以上时，火龙果的营养芽体向生殖芽体转变，自刺座处着生花蕾，花芽分化一般需40 ~ 50天，其中从现蕾到开花一般需要15 ~ 20天（图2-4、图2-5）。

图2-4　火龙果花蕾

图2-5　火龙果花苞（a）和花苞不同时期的纵截面（b）

（二）开花和授粉受精

火龙果红肉品种与白肉品种的花均为白色，其大小、形状亦相似，二者区别在于红肉品种花萼常为红色，白肉品种花萼常为淡绿色。红肉品种火龙果始花期出现在4月中旬，终花期在10月下旬；白肉品种火龙果始花期出现在5月中旬，终花期在10月中旬。红肉品种较白肉品种始花期早1个月，两品种的花均在夜间开放，同一批次开花时间约为3天。火龙果从现蕾到开花大多为15 ～ 18天，盛花期集中在6月下旬至7月上旬、8月下旬至9月上旬。当日均低温为22 ～ 26℃，日均高温为34 ～ 38℃时，适宜火龙果的生长（图2-6）。

图2-6　火龙果的花

a.燕窝果花　b.白玉龙花　c.红水晶花　d.盛开的火龙果花

自然状态下，火龙果授粉主要通过风媒和虫媒，若开花时期遇连续阴雨，则受精不良，导致自然坐果率低，会引起花朵霉烂，特别是雌蕊霉烂而无着果，若着果后连遇阴雨则影响不大。授粉不良的花一般在开花后，子房变黄、萎缩继而落果。常见白肉火龙果属于自交亲和类型，自然授粉坐果率为100%；而部分红肉火龙果属于自交不亲和类型，自花授粉坐果率仅15%左右，为提高产量，应选择红白肉类型混栽并人工授粉，人工授粉后坐果率可提高到100%。

（三）坐果与果实发育

火龙果开花3天后，花柱形态仍然存在，种子呈米色，果肉(含种子)与种子不易分离；开花20天后，种子已转黑褐色，果肉与种皮容易分离；开花30天后，果皮颜色已转红，种子黑色，呈芝麻状，3 000 ～ 7 000粒；在开花后的25 ～ 30天内，果皮重与果肉重呈反比，果皮重逐渐下降，果肉重逐渐增加。在海南大部分地区，大红等主栽品种从4月中下旬现蕾至9月下旬，每株火龙果开花批次多的达4 ～ 5批，少的2批，每批现蕾间隔时间约一星期左右，阶段性明显。露地栽培红肉品种挂果期为5—12月，1年可采收10 ～ 15批果，第一批果5月下旬到6月初成熟，成熟期30 ～ 35天；最后一批果11—12月初采收，成熟期40 ～ 50天；中间批次的果成熟期28 ～ 30天。白肉品种挂果期为5—11月，1年可采收6 ～ 8批果，第一批果6月下旬成熟，成熟期40天，最后一批果11—12月初采收，成熟期40 ～ 50天；中间批次的果从开花到果实成熟需28 ～ 30天；而9月以后，果实生长缓慢，成熟期推迟，从开花到果实成熟需35 ～ 40天（图2-7、图2-8）。部分品种周期更长，比如燕窝果从开花到果实成熟需90 ～ 110天。

图2-7　火龙果人工授粉坐果（a）和自然坐果（b）

图2-8　火龙果成熟果

三、对环境条件的要求

（一）温度

火龙果原产于中南美洲热带雨林地区，喜高温，怕霜冻。最适宜的生长温度为25 ～ 35℃，温度低于10℃时，会进入短暂休眠来抵抗不适宜的环境温度；温度高于38℃时，会抑制花芽的形成，导致无法开花结果；而5℃以下的低温可能导致冻害，幼芽、嫩枝，甚至部分成熟枝都可能被冻死或冻伤。经济栽培应选择平均温度在20℃以上的地区，在过北的地区栽培不但易出现寒害(冻害)，也会影响果实品质。

（二）光照

火龙果为喜光植物，最适宜的光照强度为8 000勒克斯左右，良好的光照有利于火龙果的生长和果实品质的提高。火龙果作为攀附型的仙人掌果，对环境有很强的适应性，但光照低于2 500勒克斯时，植株对营养物质的积累受到明显影响。对于比较老熟的枝条，如果烈日照射时间太长，积累的温度得不到散发，可能会导致灼伤。因此，在日光过于强烈的地区种植火龙果可适度遮阴。在以色列有试验表明，遮阴度不超过50%利于火龙果的生长。

（三）水分

火龙果被认为是耐旱的作物，但水分仍是其快速健壮生长的必需条件。实践证明，火龙果植株每3天应摄入0.5千克水分才能满足其健康生长的需要，过于干旱会诱发植株休眠而停止生长，同时空气湿度过低，也会诱发红蜘蛛危害和一些生理病害。

（四）土壤

火龙果主要的根系活动区是2 ～ 5厘米处的浅表土层。火龙果对土壤的适应性较广，尤其在排水良好、土层疏松肥沃、团粒结构良好的中性或微酸性沙红壤土上生长快、产量高、品质好，适宜的土壤pH范围为5.5 ~ 7.5。火龙果有大量气生根，说明它的高度好气性，因此，在疏松基质上栽培比较理想，透气不良、酸碱度过大可直接诱发根系的死亡。

第三章 火龙果规范生产及栽培技术

一、园地选择与规划

火龙果建园选址，首先要满足对温度的要求，其次需要考虑光照、排灌和生产条件等，同时不要毗邻大型工业区，尽可能远离工业污染源。考虑到排灌、光照和土质，一般不选择土壤黏重的高水位平地。以冲积沙壤土，土壤含沙率在40%～70%的通风透光的坡地为好，否则要进行土壤改良。坡地选择背风向阳，海拔600米以下，坡度30°以下的缓坡地；平地选择不受水淹，排水良好的地段。园地环境质量应符合NY/T 5010的规定。

根据自然条件和生产条件，因地制宜进行道路、排灌系统、生产区规划，建议生产区占总面积的80%～85%。主干道宽4.0～5.0米，支路宽2.0～3.0米，总排水沟深宽1.0米×1.5米，支沟深宽0.5米×1.0米，每行开畦沟深宽（0.2～0.3）米×0.4米（图3-1至图3-3）。

图3-1　缓坡地建园

图3-2　山丘地建园

图3-3　平地建园

二、火龙果种植

（一）整地、水肥设施建设与施基肥

根据果园土地类型，选择合适的栽培模式，先平地，整地时清除杂草及其他有碍耕作的杂物，2犁1耙，深耕细耙，做到深、松、细、碎、平；后起垄，垄宽2.5 ~ 3.2米，其中垄面宽1.3 ~ 1.6米，垄沟宽1.2 ~ 1.6米，垄高0.2 ~ 0.3米（图3-4）。采用水肥一体化系统，喷灌、滴灌、畦灌等方式灌溉。同时根据果园土壤情况，下足基肥，改良土壤，预防病虫害。基肥每株用量为有机肥4 ~ 6千克+石灰0.2千克+基质3 ~ 5千克。

图3-4　整地、起垄

（二）立柱搭架

坡地多选择水泥柱单柱式栽培（图3-5），平地亦可。对于水泥柱单柱式栽培，山坡地株行距为2.2米×2.2米，平地株行距为2.5米×2.5米，每亩需竖水泥柱约110根。水泥柱规格为10厘米×12厘米×200厘米，水泥柱植入土中50厘米左右，周围用石头或

图3-5 水泥柱单柱式搭架

者水泥浆固定，水泥柱地上高度约为150厘米。在水泥柱距离顶端约5厘米处预留2个对穿孔，用径粗1.2 ～ 1.5厘米，长60厘米左右的钢筋穿过后形成“十”字形，上置1个废弃轮胎固定或在柱顶加1个直径70厘米的铁圈固定。火龙果植株长至与水泥柱平行时将头剪掉，此时植株不再往上长，将会横向发出很多枝茎并往下垂，十字架轮胎就是用于支撑下垂的叶茎和果实。这种栽培方式适合露地栽培，成本较低。部分沿海地区因风大，可使用3根柱联结的塔式柱状栽培，3根柱距离60 ～ 70厘米，上端交叉并绑牢，此方式比较抗风。

平地常使用篱壁式栽培模式，常见的有钢架篱壁式（图3-6、图3-7）和水泥柱篱壁式（图3-8）。钢架篱壁式搭架使用2.0米长的DN20（6分）钢管，每3根钢管交叉成为1组支架，支架底端钢管斜插入土0.4米，在交叉处用不锈钢丝绑紧或用螺杆固定；每组

图3-6 钢架篱壁式起垄

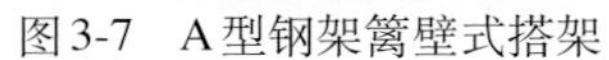

图3-7　A型钢架篱壁式搭架

图3-8　水泥柱篱壁式搭架

3根钢管支架中间由2根钢管组成交叉支撑架，间距2.5 ～ 3.5米，支架上方交叉处设钢索连接并扎紧，沿行钢架之间在上中下3个部位牵引3条铁丝。水泥柱篱壁式搭架的规格和埋设方式与水泥柱单柱式相同，通过在水泥柱顶端预留的对穿孔将2柱用钢索连接成行并扎紧，沿行水泥柱在中下2个部位牵引2条钢索用于茎的攀缘。

（三）定植

单柱式支架定植方式为柱行间距2.0米×（2.2 ～ 2.5）米，每亩130 ～ 150根水泥柱，每根水泥柱种植4株火龙果，每亩种植500 ～ 600株。篱壁式支架定植方式为行距2.5 ～ 3.0米，株距0.2 ～ 0.3米，每垄可单双排，每亩种植740 ～ 2 600株，以800 ～ 1 200株/亩为佳。

火龙果根系为水平生长的浅根系，无主根，侧根大量分布在土壤浅表，肉质浅根发达，同时有很多气生根，因此，土壤需透气性好，且种植时不可深植，以浅植3 ～ 5厘米为宜，否则不利于植株生长发育。种植前要在水泥柱的四面各挖一深约10厘米、长宽约20厘米的定植穴，穴内施入腐熟有机肥与土壤混匀，每穴植1株幼苗。

三、土肥水管理

（一）土壤管理

1.除草和间种 火龙果初植新园可采用人工、机械清除杂草，或者使用防草布、稻秆等控草（图3-9）。也可间种短期经济作物，既可改良土壤、增加有机质、提高地力、减少杂草，也可提高土地利用率以增加经济收益，间种的经济作物可以是花生、大豆、萝卜等。

图3-9 使用防草布控草

2.培土 火龙果根系分布浅，在每次降雨后，视根系裸露情况进行培土，以覆盖裸露根系，新植园冬季也应培土护苗。

3.生草栽培　除了人工、机械除草和使用防草布，还可以采用生草栽培模式，以草控草。园地有目的地间种绿肥，不但可以保温保湿、提高土壤肥力、改善小区环境，而且可以抑制杂草生长，起到“生草覆盖、以草控草”的作用。果园绿肥以紫苜蓿、平托落花生等为宜（图3-10至图3-13）。生草覆盖可以调节土壤温度，夏季可以降低地表温度2 ~ 6℃，有利于根系的生长，同时还可以蓄水保墒，控制水土流失。当生草生长到一定高度时，对果园进行割草压青，用割草机或人工剪去徒长部分，留茬10厘米左右，将剪下的生草覆盖于畦面，可以增加土壤腐殖质、提高土壤肥力、改善土壤结构，有利于火龙果的生长发育。

图3-10　与甘蓝间种

图3-11　与甘薯间种

图3-12　与青花菜间种

图3-13　与平托落花生间种

（二）施肥

1.幼树期施肥　幼龄树以施用氮肥为主，辅以施用复合肥，做到勤施薄施，以促进植株生长。种植后1个月植株长新芽时，开始淋施沤制好的淡水肥，水肥为稀释10倍的粪水＋尿素1 000倍液，离树根10厘米处淋施，每隔15 ～ 20天施1次。种植后6个月，改施稀释3倍的粪水＋平衡复合肥800倍液，离树根15厘米处淋施（或穴施），每隔25 ～ 30天施1次，或通过水肥一体化系统施用液体肥（图3-14、图3-15）。

2.结果树施肥 成年树以施有机肥为主，化学肥料为辅。每年3月、7月和11月，每次每亩施用1 ~ 2吨有机肥 + 30 ~ 50千克高钾复合肥。每批幼果根外喷施磷酸二氢钾500倍液，叶面喷施核苷酸或氨基酸等叶面肥800倍液，以增加树体养分，提高果实产量和品质。此外，施用微生物菌肥 + 酵素可增加土壤中的有益微生物数量和活性，改良土壤板结，提高土壤肥力，使植株根系发达，吸收能力增强，促进根、茎、叶生长，进而提高作物产量及品质（图3-16）

图3-14 肥料溶解池

图3-16 施用菌肥及酵素的设施

图3-15 浇灌水肥的过滤设施

（三）水分管理

火龙果较耐干旱，定植初期每2 ~ 3天浇水1次，以后保持土壤潮湿即可。火龙果浇水可以结合施肥进行，生产上采用滴灌或低压微喷灌的方式，将肥料溶于水中喷施。其中以低压微喷灌效果最好，能使土壤湿度均匀，对攀援根也有明显的促进生长作用（图3-17、图3-18）。

图3-17 田间浇灌主管道铺设

图3-18 田间低压微喷灌设施

四、火龙果果树整形修剪

（一）幼年树整形修剪

对于柱式栽培模式，由茎上长出不定根攀援水泥柱向上生长。为促进肉质茎的生长和结果的质量，肉质茎攀援至柱顶前，应在幼苗期剪除所有侧芽，每株苗仅保留一个向上生长的健壮枝，剪掉其他分枝，以利于集中养分向上生长，快速上架。每隔30厘米左右用柔软的布条垫在下面，将苗茎在水泥柱上绑缚，让枝条沿着水泥柱攀缘向上生长。当枝条超过柱顶铁圈10厘米时，剪除顶芽，促其分枝，并选留3 ～ 4条生长健壮和角度分布较好的新芽，作为一级分枝，让其沿着水泥圈自然下垂生长。一级分枝长到35厘米左右时再截顶芽促其分枝，每枝条保留3 ～ 4个芽条，让其下垂生长，积累养分，以便提早开花结果。

对于篱壁式栽培模式，经常绑缚枝条，固定植株沿支撑柱攀缘生长，只保留一个主茎，当枝条长到柱顶时人工牵引让其沿着钢绞线平行方向延伸，直至与相邻植株主茎对接后截断或再向下延伸30 ～ 40厘米后截断，促进主茎留芽部位萌芽，培育成结果枝，结果枝长到80 ～ 90厘米时截顶，促进其老熟（图3-19、图3-20）。

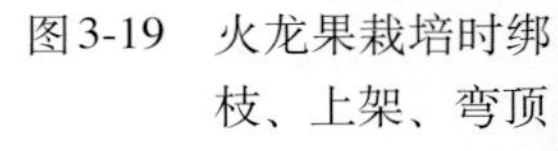

图3-19　火龙果栽培时绑枝、上架、弯顶

图3-20　拉枝塑形

（二）结果树修剪

每株进入结果期的植株，保留1 ～ 2年生的2/3的分枝作为结果母枝，另外1/3的3年生老熟分枝剪掉，促进新梢萌发，培育为新的结果枝（图3-21）。新梢萌发后，缩小分枝的生长角度，促进营养生长，将其培养为强壮的后备结果茎蔓，每年修剪2次。第一次春季修剪，在2—3月剪除病弱枝、徒长枝和过密枝，以减少养分消耗并促进光照以积累营养，为保留枝条的花芽分化及开花结果打下良好基础。第二次秋季修剪，在11月采收结束后剪除结果多年的衰老枝条、病虫枝、过密枝及垂地遮阴的茎蔓，保留分布均匀且健壮的枝条，促进其抽芽、生长和老熟，为来年开花、挂果打下良好基础（图3-22）。

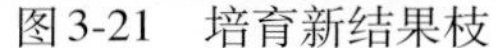

图3-21 培育新结果枝

图3-22 修剪后长成的树形

五、花果管理

（一）人工授粉

对于需要人工辅助授粉的部分红肉品种，可间种10%的白肉火龙果，以利于品种间相互自然授粉。红肉火龙果傍晚开花，清晨闭合凋谢，依靠自然授粉坐果率低，果实偏小，产量低。为了提高栽培产量，采用人工授粉，在21：00—22：30开花时或清晨花尚未闭合前，用干净毛笔直接将优质同花、异花或不同品种的花粉涂到雌花柱头上（图3-23），可以显著提高坐果率、大果率、好果率及果实的品质。

图3-23 对火龙果进行人工授粉

（二）疏花疏果

火龙果开花次数多，花期长，开花能力好，挂果能力强。每年5—11月均能开花结果，如果采用产期调节，在海南可以周年开花结果，别的地区也能适当延长开花时期；结果数量多时，每枝条同时现蕾4 ～ 6个，需进行疏花以养树体，提高坐果率和商品果率。因此，在现蕾5 ～ 7天时疏蕾，疏去连生和发育不良的花蕾，尽量保留不同结果枝上的花蕾，同一批每个结果枝仅留1 ～ 3个花蕾，授粉受精正常后，可用环割法剪除已凋谢的花朵（保留柱头及子房以下的萼片），坐果7 ～ 10天后，摘除病虫果、畸形果，每枝条仅保留1 ～ 2个发育饱满、颜色鲜绿、无损伤、无畸形且有生长空间的幼果，其余的疏除以集中养分，促进果实正常生长发育，提高果实商品率（图3-24、图3-25）。

图3-24　火龙果未疏花前的花蕾（a）和人工疏花疏果（b）

图3-25　火龙果疏花后的效果

（三）果实套袋

应在果皮转色前用套果袋或牛皮纸袋套果，以保证果皮均匀着色，并防止飞鸟、黄蜂、果蝇等叮咬以及被风刮伤和日光暴晒，提高商品品质和价值（图3-26、图3-27）。

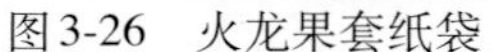

图3-26　火龙果套纸袋

图3-27　火龙果套黑网袋

六、采收及采后工作

（一）采收

火龙果采收时间会影响火龙果的贮藏期限和保鲜效果。过早过迟采收均会造成不良影响，过早采收，果实内营养成分还未转化完全，影响果实的产量和品质；过迟采收，则果质变软，风味变淡，品质下降，不利运输和贮藏。红肉火龙果果实转红成熟后若未及时采收，会裂果引来蚂蚁咬食；白肉火龙果果实转红成熟后不易裂果。采收应遵循先熟先采，分期采收，供贮存的果实可比当地鲜销果实早采，而当地鲜销果实和加工用果，可在充分成熟时采收（图3-28）。

图3-28　采收的火龙果

火龙果的成熟期随着季节、地理位置和品种的不同而异。夏、秋季是收摘火龙果的旺季，在福建省南部、广东省珠江三角洲、贵州省等火龙果产区，每年火龙果果期在6—11月，发育期为30 ～ 40天，谢花后26天，果皮开始转红，之后7 ～ 10天有光泽出现，果顶盖口出现皱缩、轻微裂口或果皮上的萼片变短、颜色变淡时可开始采收。在海南，夏季火龙果的采收时间一般为谢花后25 ~ 30天，冬季火龙果的采收时间一般为谢花后35 ~ 45天。对于供出口的火龙果，需要长途运输或较长时间贮存，因此最佳采收时间在夏季为谢花后25 ~ 28天，在冬季为谢花后35 ~ 40天；对于供应当地市场的火龙果，最佳采收时间在夏季宜为谢花后29 ~ 30天，在冬季为谢花后40 ~ 45天。采收应选择适宜的天气，最好在温度较低的晴天早晨，露水干后进行，若有采后分选机则可全天候采收（图3-29）。

图3-29　火龙果分选机

对同一批花的果实根据成熟度分5 ~ 6天收完。采收时尽量用圆头果剪，以免刺伤果实，果筐内应衬垫麻布、纸、草等物品，尽量减少果实的机械损伤。采收时，用果剪从果柄处剪断并附带部分肉茎，采收搬运过程中注意避免碰撞和挤压造成机械损伤影响外观，同时避免暴晒等。采下的果实用泡沫塑料网袋套住，轻放入塑料箱内，排列整齐，运回仓库清洗、风干、分级、包装、冷藏降温和销售。

（二）采后处理

1.商品化处理　采收后的果实应放在阴凉处，不能日晒雨淋，采收后进行果实初选，按果实的大小和饱满程度分级包装果实。经挑选、分级、清洁后，用纸箱或塑料框盛装，将果实逐个放在箱内固定，分层叠放，这样可大大减少果实在储运中受的机械损伤，也可提高果实的商品档次。火龙果包装的容器，如塑料箱、泡沫箱、纸箱等须按产品的大小规格设计，同一规格应大小一致、整洁、干燥、牢固、透气、美观、无污染、无异味、内壁无尖突物、无虫蛀、无腐烂、无霉变等，且纸箱无受潮、离层现象。每批产品所用的包装及单位净含量应一致，每一包装上应标明名称、商标、生产单位、产地、日期等。对于长时间贮藏的火龙果，禁止使用乙烯利等生长调节剂进行催熟，对于要长途运输的火龙果，运输前应对火龙果进行预冷，运输过程中也要保持适当的温度和湿度，注意防冻、防雨淋、防晒并保持通风散热（图3-30）。

图3-30 火龙果包装车间

2. 贮藏保鲜技术

（1）低温冷藏 低温冷藏是热带水果贮藏的主要形式之一。因为低温可以抑制微生物的繁殖，延缓水果的氧化腐烂；低温冷藏还可降低水果的呼吸代谢、果实的腐烂率。低温冷藏可用在气温较高的季节，以保证果品的全年供应。但是不适宜的低温反而会影响果品贮藏寿命，丧失商品价值及食用价值。防止冷害和冻害的关键是按不同水果的习性，严格控制温度，对于某些水果要采用逐步降温的方法以减轻或避免冷害，火龙果低温冷藏的大致流程为：预处理—吹干—包装—低温冷藏—运输。火龙果采后会先筛选、分级，之后用水浸泡清洗去除火龙果表皮的污渍及微生物。预处理后由于经过水浸泡所以要进行吹干，可以让火龙果在常温下自然风干或用风扇快速吹干火龙果表皮的水分，然后用打孔PE（聚乙烯）包装袋给每个火龙果进行包装及装箱。最后装箱好的火龙果被送到冷风式冷藏库进行低温冷藏，冷藏库的温度要保持在4 ～ 8℃，湿度85%～ 95%，保质期在20 ～ 25天。这种方法在越南应用得比较成熟，近几年，低温冷藏已成为中国最普遍的火龙果贮藏技术（图3-31、图3-32）。

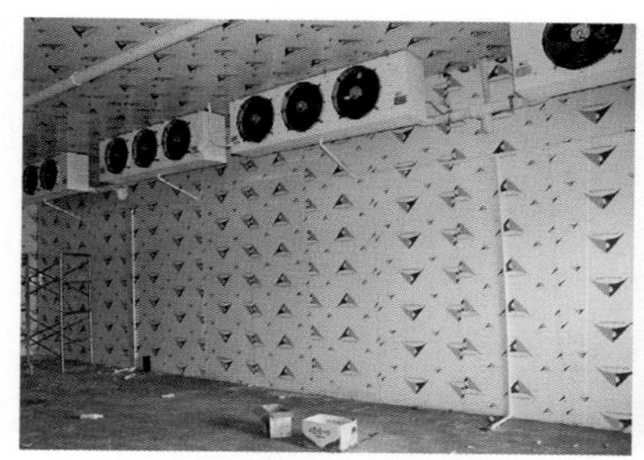

图3-31　火龙果冷库

图3-32　火龙果冷藏机组

（2）辐射贮藏技术　辐射保鲜贮藏就是利用放射性元素的辐射能量对新鲜火龙果进行处理，达到杀虫、抑制发芽、延迟后熟等效果，从而减少果品的损失，使它在一定期限内不腐败变质，是一项新引进的保鲜技术，目前应用不是很广泛，在越南只用于少数火龙果出口产品。辐射保鲜通常是利用^{60}Co、^{137}Cs等辐射出的射线辐照火龙果果实，使其新陈代谢受到抑制，从而达到保鲜的目的，大致流程为：火龙果预处理—吹干—辐射处理—包装—贮藏—运输出口。火龙果采后用水浸泡去除表皮污渍及微生物后，要进行吹干，火龙果经过低压喷气系统快速去除表皮的水分，并彻底清除火龙果顶部隐蔽地方的残留物，保证其达到食品安全标准。接着进行辐射处理，在5℃下对火龙果进行辐射处理后，在28 ～ 30天内火龙果的新鲜度和质量都不会下降。辐射处理过后，进行分级、包装、装箱。新鲜水果的辐射处理选用相对较低的剂量，一般小于3 000戈瑞，否则容易使水果变软并损失大量营养成分。

（3）1-MCP保鲜剂保鲜　1-MCP即1-甲基环丙烯，能不可逆地作用于乙烯受体，阻断乙烯的正常结合，从而抑制与乙烯相关的生理生化反应，与传统的乙烯抑制剂STS（硫代硫酸银）等相比，1-MCP具有安全、无毒、对环境污染小等特点。研究表明，常温（20 ～ 25℃）下1-MCP处理的晶红龙果实贮藏时间为11天左右，而对照为9天左右；冷藏（14℃）条件下，1-MCP处理的晶红龙果实能贮藏22天左右，对照则在17天左右；1-MCP处理的紫红龙果实能贮藏16天左右，对照则在14天左右。1-MCP处理可以减少果实及鳞片的水分蒸发，降低可溶性固形物含量的损失，减缓果肉及果皮糖类物质分解，较好地保持了果实在贮藏期的外观和风味，可在一定程度上减缓细胞的衰老死亡，抑制细胞膜相对透性的升高，延长果实在冷藏与常温下的贮藏寿命。因此，1-MCP处理对延长火龙果果实的贮藏期具有较积极的作用。

七、产期调节

火龙果的开花结果期为每年4—11月，一般可开花12次以上，若管理得当，开花可达15次，可以通过实施调控措施，对火龙果进行产期调节以达到果实适期上市的目的。主要通过修枝、施肥、疏花等管理措施结合补光处理实现产期调节。包括正季产期调控和反季产期调控，这里主要介绍通过补光处理实现反季产期调控。

火龙果是长日照植物，如果在一段时间内阳光充足、光照时间长，火龙果的光合作用特别旺盛，就会花多果大丰产，反之则产量明显减少。而我国南方地区在秋分后至翌年春分前昼短夜长，虽然温度、营养等充足，但光照不能满足火龙果植株花芽分化所需，因而自然条件下冬季基本上不会再进行花芽分化。在夜间补光处理是最有效的产期调节方法（图3-33）。在秋、冬、春季平均气温大于15℃时，若植株生长健壮、有效结果枝数量足够、无正在生长的

图3-33 利用蓝光进行产期调节

营养枝，那么通过使用仿太阳光的LED（发光二极管）植物生长灯对火龙果植株进行补光，促进其花芽分化。冬季产期调节可使火龙果产期由平常的11月延长至翌年1月；春季产期调节可实现提前1 ~ 2个月产果，在海南甚至可以实现周年生产。并且由于秋冬季的昼夜温差较夏季盛产期大，有利于果实的膨大及糖分的累积，因此其总产量及果实品质也有所提高。一般每垄每隔1.5米悬挂一个12 ~ 18瓦的火龙果专用植物补光灯，灯与大部分枝条的中段距离为0.8 ~ 1.0米，一般每天补光4 ~ 5小时，连续20 ~ 60天（图3-34、图3-35）。

不同光源、光质和温度对花期和开花数量影响较大，在外界温度15℃以上才能补光催花，而且不同品种所需的条件也有一定差异，如红肉品种只需较短光周期及较低温度即能促使花芽分化，而白肉品种则需要较高的温度和较长的光周期。

图3-34 火龙果垄面补光调节

图3-35 火龙果垄间补光调节

第四章 火龙果常见病虫害及其防治技术

栽培火龙果时，应依据产区情况，对栽培方法进行改善，使火龙果质量、产量提升，并具备经济效益、生态效益等，实现预期生产栽培目标。火龙果栽培过程中，病害有软腐病、溃疡病、疮痂病、炭疽病等，虫害问题主要由蚂蚁、红蜘蛛、蚜虫等引起。可通过科学控制土壤病原菌传播，施用有机肥、磷肥、钾肥等，使植株具备较强的抗病性。

我国火龙果种植区多属于热带和亚热带季风气候，降雨充沛。高温高湿的气候利于火龙果各种病虫害的发生和扩散蔓延，对火龙果产量、品质影响极大，严重威胁着火龙果产业健康发展。在不同地区以及不同时期，火龙果的主要病虫害种类不同。

目前对于火龙果病虫害的防治主要还是以化学药剂为主，但尚没有专门针对火龙果病虫害防治的药剂，可选择的药剂种类也明显不足。随着火龙果种植面积的扩大，国内外许多地区都提出了火龙果病虫害综合防治技术，主要包括抗病虫害品种选育、提高树体营养以增强抗性、果园卫生清理、化学药剂防控、基于诱剂和诱饵的灭除技术、应用病原微生物和天敌开展生物防治等。

随着人们对食品安全、环境安全的日益重视，农药减施技术研发成为火龙果产业发展的迫切需要。高效低毒及新型药剂的筛选研发、高效低用药量喷药技术及机具的应用，对农药减量增效有直接的推动作用。除此之外，物理防治、农业防治、理化诱控、生物防治等绿色防控技术的应用也将大大降低农药的使用量。随着这些关键技术的进步，针对不同病虫害集成综合防治技术成为研发重点，这些技术的推广应用将使农药使用量大幅降低，经济效益不断提高。

一、火龙果主要病害及其防治

在火龙果上记载发生的病虫害有30多种，危害比较严重的病害有溃疡病、炭疽病、茎枯病、茎斑病、软腐病等。目前，对于火龙果病害的防治主要以化学防治为主，火龙果果实从开花至果实采收仅需30 ~ 45天，相较其他果树生长期短，因此在药剂使用上需特别注意。

火龙果病害不外乎是由病原的存在、寄主作物的存在和适合病害发展的环境所造成，因此，病害管理措施应注意降低病原优势，如摘除感病组织、进行清园、加强田间卫生管理或使用药剂；避免寄主与病原接触，如适时套袋或另寻新植地等；增强寄主抗性并制造适合寄主但不适合病原发展的环境，如创造通风条件、避免潮湿等，把握以上原则即可取得良好的防治效果。

（一）溃疡病

1.病原　溃疡病病原菌为新暗色柱节孢［*Neoscytalidium dimidiatum* (Penz.) Crous&Slippers］。菌丝黑褐色、可分枝、有隔膜，脱节后形成节孢子。孢子为单胞，无色透明，呈圆柱形、圆形或卵圆形。分生孢子单胞，无色透明，呈椭圆形或长椭圆形。

2.危害症状　该病可危害火龙果茎、花瓣、苞片及果实，发病初期在新生嫩梢、花蕾及成熟茎前端的上翘处等幼嫩部位产生直径1 ~ 2毫米的白色圆形凹陷病斑，部分病斑中心出现橘色小点，逐渐扩大为突起的膨大橘斑，常数个病斑融合，最后变成褐色木栓化组织（图4-1至图4-3）。病斑可因外力而脱落，造成茎部空洞，高温高湿时，病斑周围组织出现黄色水渍溃烂，并向茎部上下蔓延，严重时受害茎部肉质组织会完全腐烂而仅剩中间维管束（图4-4、图4-5）。果实也会出现像茎部一样的症状，有些果实病斑会成片结痂，进而造成果实龟裂腐烂。该病有时也感染幼果，造成果实黑心。在我国火龙果种植区，目前以该病害

图4-1 火龙果茎部溃疡病发病初期产生圆形凹陷小白斑（部分病斑中心有橘色小点）

危害最大，不仅造成枝条溃烂、幼果僵化（图4-6、图4-7），也会导致成熟果实表皮斑驳或黑化腐烂，大幅降低或完全失去商品价值。病害严重时，可造成果株死亡，甚至果园荒废。

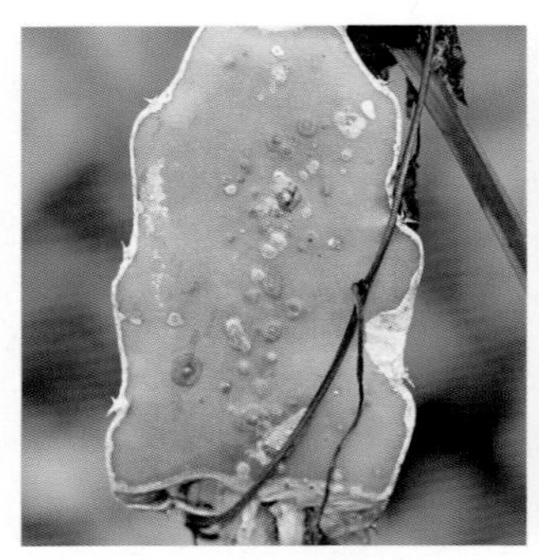

图4-2 火龙果茎部溃疡病产生的小白斑扩大为突起膨大橘色红斑

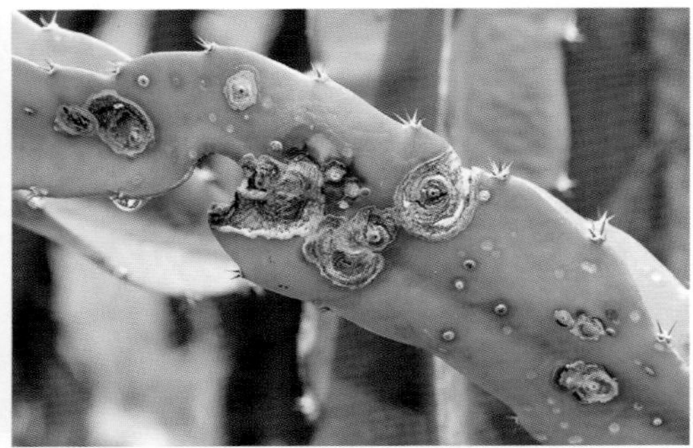

图4-3 火龙果茎部溃疡病数个病斑融合变成褐色木栓化组织

图4-4 火龙果茎部溃疡病溃烂病斑

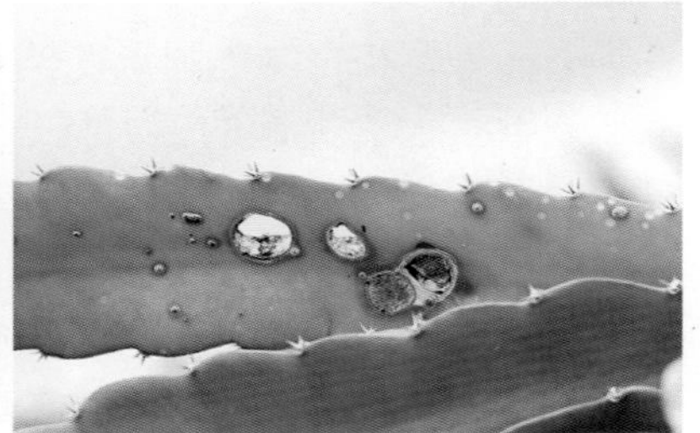

图4-5 火龙果茎部溃疡病病斑周围组织出现黄色水渍溃烂

图4-6　火龙果溃疡病在果实上造成的斑点

图4-7　火龙果溃疡病严重时僵化的果实

3.发病条件　病原菌喜高温高湿，尤以夏季高温降雨时，病害发生最为严重。茎部病斑上的分生孢子为主要感染源。病原菌扩散缓慢，先在种苗表面潜伏或在种苗表面产生不明显的病症，成为初次传染源，以带菌种苗被引入田间，随雨水喷溅传播至健康部位、邻近植株或果园。果实与幼嫩茎部特别敏感，病菌不需伤口即可直接由表皮入侵，老熟茎部组织受害较少。病菌入侵组织后，14 ～ 20天出现病症。病原菌最适生长温度为30 ～ 35℃，尤其在梅雨与台风季节，雨水有助于病原菌传播，茎节上的水分利于病原菌的感染，因此在幼嫩组织及伤口最容易发病。温度低于20℃不利病原菌生长，因此冬季时病势受限制。病原菌可存活于病斑上，翌年气温回升加上露水或雨水的传播，为果园主要感染源。另外，田间操作使用的带菌工具也可能造成本病的传播。

4.防治方法

①选择健康种苗。选择健康无病害的枝条，并种植于新种植地。在带病果园工作后，勿进入健康果园，避免将病菌带入。

②清园。配合每年11月至翌年3月果园枝条生长养护期，剪除受害枝条以减少感染源，并且用等量式波尔多液200 ～ 250倍液喷施新生枝条以保护其不受感染。波尔多液可抑制溃疡病病菌的

菌丝生长，达到杀菌与预防发病的效果。施用顺序如下：先喷施等量式波尔多液1次，杀死感病组织上的病菌，避免后续清园时病原扩散，同时给新生枝条提供一层防护层；7 ~ 10天后彻底剪除感病枝条，并掩埋或移除田间；当天或隔天再次施用1次等量式波尔多液保护枝条伤口，并加强保护新生枝条。以上步骤连续3次以上。

注意事项：波尔多液会附着于火龙果各组织表面，不易被雨水冲刷清除，可以提供长期的保护及杀菌效果。但是，因为本药剂呈现蓝色，会残留于花或果实外表，因此在产期使用可改为400 ~ 500倍液等量式波尔多液，并在未开花或在果实套袋后再施用。

③药剂防治。雨季前后使用43%戊唑醇悬浮剂5 000 ~ 8 000倍液、70%甲基硫菌灵可湿性粉剂800 ~ 1 000倍液或62%嘧环·咯菌腈水分散粒剂3 000 ~ 5 000倍液等，抑制孢子发芽；如果果园枝条受害严重，可使用上述药剂抑制病菌菌丝生长以治疗枝条。

（二）湿腐病

1.病原 湿腐病病原菌为桃吉尔霉［*Gilbertella persicaria* (Eddy) Hesselt］。孢囊梗暗褐色至浅褐色，多数直立，少数弯曲，具1 ~ 2个分枝，多数为1个分枝，顶端产生1个孢子囊，球形，黑褐色。无假根和匍匐菌丝，囊轴球形、无色。孢囊孢子浅褐色至褐色，短椭圆形或球形。

2.危害症状 该病发生在开花期、幼果期、采果期及贮藏期，是危害火龙果较为严重的病害之一。雨季时，病原菌常由果梗侵入果实，并使果实在2 ~ 3天内完全腐烂，是采收后最严重的病害之一。

花器受感染时，花苞或花瓣产生水渍状溃烂（图4-8）；危害幼果时，病菌先由柱头或花瓣尾端入侵，再扩展至果实，造成果皮与果肉褐化腐烂，或影响果心部位的发育，造成果实外观转色异常，内部出现黑心。病菌危害成熟果实时，主要由果梗伤口入侵，也可由表皮伤口或鳞片伤口侵入，初期出现深色水渍状病斑，并于2 ~ 3天后扩大布满果实，病斑边缘与未感病组织的交界明显，果表及果肉完全软腐，用手轻触，腐败果皮立即脱落（图4-9）。

图4-8　感染湿腐病的火龙果花

图4-9　感染湿腐病的火龙果果实

3.发病条件　以孢囊孢子为主要感染源，依靠风雨传播。病菌孢子存在于空气中、土壤表面与花瓣上，或是残存于弃置田间的病花或病果。幼嫩组织若有伤口产生（风伤或昆虫咬伤），或与枝条太贴合而积水（或湿度过高）时，容易被病菌入侵感染而腐烂。在高湿环境下，感病组织表面于短时间内即产生大量黑色粉状物，即为孢囊孢子，成为田间二次感染源。采果时，病菌容易由果梗伤口入侵，尤其在雨季采收，发病特别严重。在常温运送过程中，若有果实发病也会传播至其他果实。

4.防治方法

①田间清洁。清除感病的花和果实，并销毁或掩埋。降雨季节，应将果园内的谢花与落果一并清除，以减少果园中病原菌的潜伏场所。

②勿在露水未干或降雨时采果，以减少病菌侵入机会。此外，采果时，勿直接将果梗剪断，应将果梗连同茎部组织一并剪下，以延长果实销售时间。

③药剂防治。雨季前后喷施62%嘧环·咯菌腈水分散粒剂3 000 ~ 5 000倍液、43%戊唑醇悬浮剂5 000 ~ 8 000倍液、25%

吡唑醚菌酯乳油2 000 ～ 3 000倍液等；或是于产季前，全园喷施等量式波尔多液200 ～ 500倍液，降低田间病菌密度。

（三）煤烟病

1.病原 煤烟病病原菌为枝状枝孢菌［*Cladosporium cladosporioides* (Fre.) De Varies］。分生孢子梗从气孔伸出，无色至淡色，直立，不分枝，一侧或两侧生。分生孢子宽圆柱形或长椭圆形，平滑，无色至淡褐色，大小不一，分隔处稍缢缩，孢脐增厚，暗色。

2.危害症状 病害多发生于花和果实上，受害部位开始时出现少许黄绿色的霉状物，随后霉状物扩大，并转为黑褐色或黑色，主要分布于果实鳞片与表皮处。如用湿纸巾擦拭，可将霉状物去除。严重者影响果实表面受光，造成后续果实表皮转色时煤烟处转色不良，表面呈现绿褐色斑点，影响果实卖相（图4-10、图4-11）。

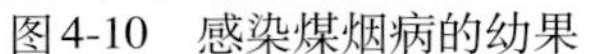

图4-10 感染煤烟病的幼果

图4-11 感染煤烟病的成熟果

3.发病条件 煤烟病病菌以蜜露为营养，在果实表皮上生长，但不会入侵果实。火龙果的花与幼果都会产生蜜露，尤其果实在发育过程中不断累积蜜露，吸引病菌附着在表面。蜜露较多者，病害亦较严重。初感染源可能来自谢花或空气中的病原孢子。

4.防治方法

①调节栽培与施肥技术，减少果实蜜露的分泌。蜜露产生多

少可能与土壤铵态氮肥含量有关，如何通过调整土壤铵态氮肥以在蜜露与果实质量间取得平衡，有待进一步探讨。

②幼果产生蜜露后，煤烟病发生前，即以清水冲洗掉蜜露。

③使用可通风的套袋，如全网袋或改良式套袋。

（四）果腐病

1.病原　果腐病病原菌为仙人掌平脐蠕孢［*Bipolaris cactivora* (Petrak) Alcorn］。分生孢子梗丛生或散生，直或稍弯曲，顶端曲膝状，呈褐色，具分枝，具隔，内壁芽生式产孢。分生孢子纺锤形或梭形，直或弯曲，褐色，具1～5个假隔膜，多数2个，不缢缩，顶部细胞较小，基部脐点略突出或不明显，从两边细胞萌发出芽管。

2.危害症状　病菌一般只感染成熟果实，被害成熟果实开始时出现褪色小斑点，然后病斑继续扩大为淡褐色椭圆形坏疽斑，直径2～3厘米，带有黑色横纹，覆盖黑色霉状物，为其产孢结构。当环境潮湿或感病组织湿度较高时，病斑呈现水渍状，波及果实全部组织，造成严重果腐（图4-12）。

图4-12　果腐病严重的火龙果果实

3.发病条件　田间果实若在枝条上过久未采，导致果实成熟过度出现裂果，裂口成为病菌良好入侵口，再加上重复使用带菌套袋，病菌大量累积于袋中伺机入侵果实。果实采收后常温贮藏于箱子内亦会增加发病概率。

4.防治方法

①在果实过熟前收获，降低生理裂果，避免病原菌诱发病害。为配合农作习惯，建议在花苞时期即开始选择淘汰一批花，使果

实成熟期集中，避免部分果实成熟过度。

②勿过度重复使用套袋，避免病菌累积。

③产季前全园喷施等量式波尔多液200 ~ 500倍液以降低果园内病菌密度。

（五）炭疽病

1.病原 炭疽病病原菌为盘长孢状刺盘孢（*Colletotrichum gloeosporioides* Penz）。分生孢子梗无色或基部淡褐色，分枝有或无。附着孢黑褐色，棍棒形或椭圆形，边缘大多规则。分生孢子无色单胞，圆柱形或长椭圆形，顶端钝圆，基部钝圆或稍尖。

2.危害症状 病原菌偶尔感染茎部，主要危害成熟果实。感病茎部初期有黑褐色或红褐色突起小斑点，后继续扩大为黑褐色圆形病斑（图4-13、图4-14）；感病果实自鳞片底部或果梗发病，初期出现凹陷褐色小斑点，病斑会继续扩大，接着病斑中央出现黑褐色针状产孢结构，在潮湿的环境下会产生粉红色分生孢子堆或子囊壳，扩散到果实全部组织，造成严重果实腐烂。

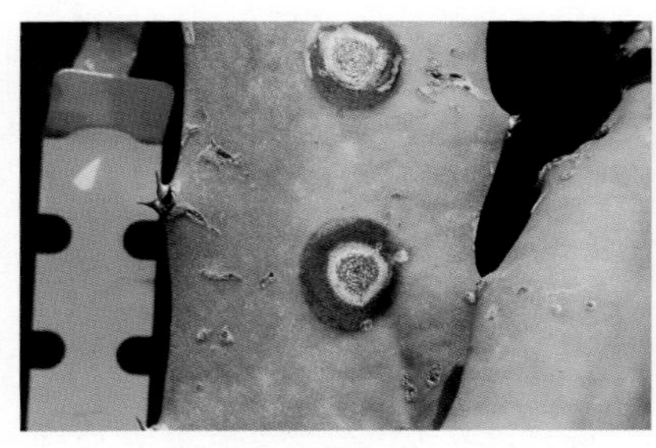

图4-13 感病茎部病斑中央出现黑褐色针状产孢结构

图4-14 感染炭疽病的火龙果枝条

3.发病条件 病原菌以分生孢子为主要感染源，依靠风雨传播。病菌通常存活于茎部病斑、枯死茎组织或地面植株残体上。在适温高湿环境下，病菌在病残体上形成分生孢子堆，长出大量分生孢子，成为初次感染源，靠雨露传播，侵染植株幼嫩与受伤的组织，但被感染组织不会立即发病，要等到果实成熟采收后才会出现症状。病原菌可感染任何发育期的果实，只是果实未成熟时不会出现病斑。病原菌分生孢子附在表皮组织后，在高湿条件下，于适温4小时即可发芽并形成附着器，24 ～ 72小时侵入表皮，但即静止不作进一步发育，直至果实成熟后才开始生长形成病斑。炭疽病病菌寄主范围甚为广泛，可以危害多种果树与作物，因此病原菌的初次感染源也可能来自其他邻近作物。

4.防治方法

①田间清洁。清除感病枝条及果实并销毁，以降低果园中病原菌密度；修剪杂草，去除其他寄主。

②适当施肥与整枝修剪，使果园通风良好、日照充足，以增强植株抵抗力。勿施用不当药剂与植物生长素，以防降低植物抵抗力。

③药剂防治。可选择几种药剂轮流使用，包括32.5%苯甲·嘧菌酯悬浮剂3 000 ～ 5 000倍液、70%甲基硫菌灵可湿性粉剂800 ～ 1 000倍液、25%吡唑醚菌酯乳油2 000 ～ 3 000倍液、40%双胍三辛烷基苯磺酸盐可湿性粉剂1 000 ～ 1 500倍液、43%戊唑醇悬浮剂5 000 ～ 8 000倍液、75%肟菌·戊唑醇水分散粒剂2 500 ～ 3 000倍液、62%嘧环·咯菌腈水分散粒剂3 000 ～ 5 000倍液。此外，可于无果期整枝修剪后，全株喷施等量式波尔多液200 ～ 250倍液1 ～ 2次，以降低果园中病原菌的密度。

（六）褐斑病

1.病原　褐斑病病原菌为交链孢霉（*Alternaira* sp.）。分生孢子梗丝状，有分隔。分生孢子褐色或暗褐色。

2.危害症状　果实初期病症为产生褪色小斑点，渐成为直径1 ～ 1.5厘米灰褐色病斑，湿度高时，病斑密布白色菌丝或成串黑褐色分生孢子，严重者病斑凹陷、果肉腐烂（图4-15）。本病菌偶尔感染茎部，病斑呈不规则木栓化斑，外围淡褐色，直径0.5 ～ 2厘米，橘红色至深红色，常微微裂开，极少数严重者茎肉会破裂，

图4-15 火龙果果实褐斑病症状

但一般危害并不严重。

3.发病条件 经调查，该病菌一般在火龙果幼果期2周时起即入侵感染果实表面，但不会有任何明显的症状，至果实成熟转色时方出现病斑，亦为潜伏感染病害。本病菌最适生长温度为20 ～ 28℃，40℃以上不生长，4℃仍可缓慢生长，较耐低温，因此低温贮藏会突显本病害的严重性。

4.防治方法

①提前防治。该病菌是否有潜伏期仍有待确认，但由此显示贮藏期病害应提早于田间幼果期即加强防治。可喷洒32.5%苯甲·嘧菌酯悬浮剂3 000 ～ 5 000倍液、70%甲基硫菌灵可湿性粉剂800 ～ 1 000倍液、25%吡唑醚菌酯乳油2 000 ～ 3 000倍液等药剂1 ～ 2次进行防治。

②注意田间卫生。该病菌寄主范围广泛，应清除园区周围杂草，减少病原菌来源。

③提早套纸袋有助于降低病害发生率，但勿过度重复使用，避免残存病菌累积。

④药剂防治。参考炭疽病。

（七）病毒病

1.病原 病毒病病原菌为仙人掌X病毒（*Cactus virus X*, CVX）、火龙果X病毒（*Pitaya virus X*, PiVX）及蟹爪兰X病毒（*Zygocactus virus X*，ZVX）。

2.危害症状 火龙果植株普遍感染病毒病，甚至误以为斑驳为其品种特征。果农一般认为病毒病不会影响火龙果产量，但其实际影响可能被低估。

感病枝条较健康枝条生长慢，容易受天气变化或干湿度影响，严重者生长势衰弱。火龙果病毒病害主要由3种病毒引起，发生率由高至低为CVX、PiVX及ZVX，田间常见CVX与PiVX或ZVX复合侵染的情形，可危害枝条和果实（图4-16）。其中CVX普遍存在于火龙果中，引起的症状多变，至少有6种不同类型，分别为褪绿斑点型、斑驳型、坏疽型、黄化型、黄化轮纹型及嵌纹型等。田间常见症状极轻微枝条，且复合感染的症状也不明显，因此田间诊断不能仅依赖症状判断为何种病毒感染，需进一步以分子检测进行诊断。

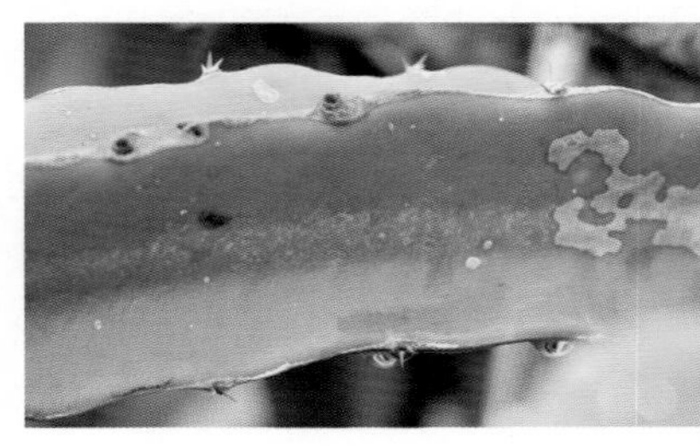

图4-16　火龙果病毒病在茎上的症状

3.发病条件　火龙果病毒病主要传播途径为使用带病毒的感病枝条进行扦插和机械伤口传播，即果园新植扦插枝条已经带毒，后又经剪刀修剪将病毒传播至其他植株。病毒在新生侧芽浓度较高。

4.防治方法

①种植健康无病毒的种苗。

②田间清洁。清除感病枝条并销毁，以降低果园病原密度。

③病毒病害无法以药剂防治，需注意修剪工具的消毒，避免工具带毒传播。例如修剪工具可以使用酒精或漂白水消毒。

（八）地衣病

1.病原　地衣是真菌和藻类的共生体，靠叶状体碎片进行营养繁殖，也可以以真菌的孢子及菌丝体与藻类产生的芽孢子进行繁殖，真菌菌丝体或孢子遇到自养生活的藻类即可形成地衣以营共生生活，真菌菌丝体吸收的水分和无机盐，一部分提供藻类，一部分提供真菌。

2.危害症状 地衣是地衣门植物的总称，具有种类多、适应性强的特点，分布广泛，属世界性分布。可附生于火龙果茎上，妨碍其生长，加快其衰老，同时，还有利于害虫潜伏，加重病虫害的发生（图4-17）。危害火龙果的地衣主要为壳状地衣，壳状地衣叶状体形态不一，紧贴于茎表面，难以剥离。

图4-17 火龙果地衣病茎部症状

3.发病条件 地衣以营养体在火龙果茎上越冬，早春开始生长，一般在温暖潮湿季节生长最盛，高温低湿条件下生长很慢。在条件适宜时迅速开始繁殖，产生的孢子经风雨传播，遇到适宜的寄主，又产生新的营养体。地衣病的发生与环境条件、栽培管理及树龄密切相关。老龄火龙果园和管理粗放、树势衰弱的火龙果园发病重。

4.防治方法

①农业防治。加强果园水肥管理是防治地衣病的根本措施，也可刮除茎上的地衣并集中销毁。

②化学防治。用1%半量式波尔多液200倍液、50%氧氯化铜可湿性粉剂500 ～ 1 000倍液或2%硫酸亚铁溶液1 500 ～ 2 000倍液喷洒被寄生的茎干。

（九）根结线虫病

1.线虫种类 危害火龙果的根结线虫主要为南方根结线虫［*Meloidogne incognita* (Kofoid & White) Chitwood］。

2.危害症状

①地上部分症状：感染根结线虫的火龙果植株新长出的结果枝条扁薄化，不饱满且颜色不够深绿，果实变小。

②地下部分症状：感染根结线虫的植株根组织会不规则肿大，无法再长出新根。已长出的根感染根结线虫则会造成根表皮组织不规则突起，剥开突起表皮有大量线虫虫体，最后导致根系腐烂(图4-18)。

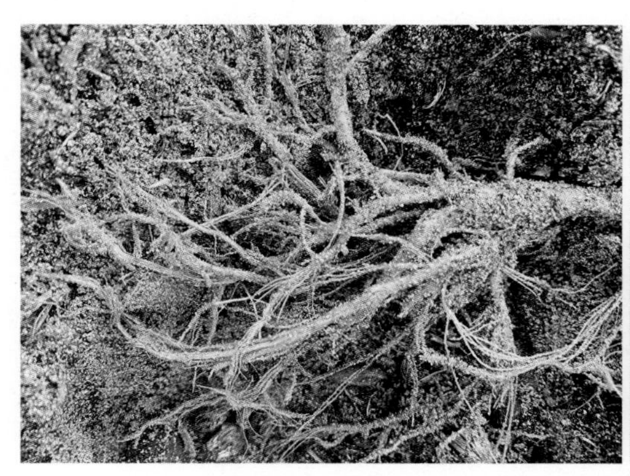

图4-18　受根结线虫危害腐烂的火龙果根

3.发病条件　线虫体型很小，肉眼很难看到。多分布在0 ~ 20厘米土壤内，特别是3 ~ 9厘米土壤中线虫数量最多。雌雄异体，雌成虫圆梨形，雄成虫线状。线虫可通过带虫土或苗及灌溉水传播。在土壤温度为25 ~ 30℃，土壤湿度为40% ~ 70%的条件下线虫繁殖很快，10℃以下停止活动，55℃时在10分钟内死亡。在无寄主条件下可存活1年。

4.防治方法

①农业防治。田间种植期间如发现根结线虫危害，可选择施用含虾蟹壳粉、苦茶粕或蓖麻粕成分的有机质肥料，以抑制或降低线虫密度。小区域发病时应将病株连根拔除，并将周围含残存根系的土壤一并清除，再回填新土及扦插新苗。全园根结线虫病

害发生、植株生长发育严重不良时，应考虑废园重新种植，重新整地前，应先将植株及根部一并清除，再种植水稻轮作2期；如采用休耕浸水处理，时间至少需2个月以上；如无法进行水稻轮作或浸水处理，建议翻耕土壤进行暴晒风干，将土壤彻底干燥，但处理期间要注意防除杂草；另外，可于夏季将土壤翻耕后，覆盖黑色或透明塑料布以提高土温，处理时间至少1个月以上。以上方法皆可有效降低田间根结线虫残存的密度。选择新地种植前，应注意前期作物是否曾发生根结线虫病害，尽量选择水稻田。

②化学防治。可选用15%噻唑膦、1%阿维菌素等颗粒剂，每亩用量3 ~ 5千克，均匀撒施后耕翻入土。也可用上述药剂之一，每亩用量2 ~ 4千克，在定植行两边开沟施入，或在定植穴施入，每亩用量1 ~ 2千克，施药后混土防止根系直接与药剂接触。

（十）非侵染性病害

1.日灼病

日灼病类型：日灼是由于强烈日光辐射增温所引起的果树器官和组织的灼伤，火龙果枝条灼伤会影响其生长及发育，同时造成有机物质合成及运输受阻，严重时会导致火龙果开花异常，结果部位变干、脱落，给火龙果生产造成严重的经济损失。火龙果日灼病分为夏季日灼病和冬季日灼病。传统种植区域如海南、广西、广东、贵州等地夏季日灼病多发，而北方部分地区如北京、天津、山东、陕西、山西等利用设施栽培方式种植火龙果的区域则多发冬季日灼病。

危害症状：火龙果的枝条受日灼后先发黄，继而失绿、脱皮，最终成干枯状。老枝条较嫩枝条有更强的抗性，轻微灼伤的老枝条在温度降低后可自行修复，嫩枝条灼伤后枝条变干，自行修复能力差，直至死亡。不同品种火龙果枝条日灼受害情况不同。红水晶火龙果枝条在日灼后，枝条整体表现出发红的趋势，枝条表面有灼伤的小红点；蜜宝火龙果枝条在日灼后，整体表现出发黄的趋势，随之变白，枝条表面有褐色的斑点，之后出现变黑、掉皮症状。此外，火龙果枝条不同部位受害情况也有差异，经调查发现，位于栽培架顶端的枝条更容易被灼伤，灼伤情况较严重，种植架两侧的结果枝条的灼伤情况相对顶端枝条较轻（图4-19、图4-20）。

图4-19 受日灼病危害的火龙果枝条

图4-20 受日灼病危害的火龙果果园

发病条件：夏季日灼病一般发生在4—9月。夏季日灼是由于夏季高温强光，引起日光温室内部在短时间内光照过强、温度过高，导致火龙果枝条皮层及韧皮部因局部温度过高而灼伤，严重时仅剩枝条的木质部。目前火龙果枝条日灼病以夏季日灼病为主。

冬季日灼病一般发生在1—3月。冬季日灼病是由于凌晨2时至早晨7时之间，偶尔出现极寒天气状况，日光温室内部温度短时间处于0℃以下，使枝条皮层细胞冻结，处于休眠状态，待太阳升起后，日光温室内部温度升高到10℃以上，处于休眠状态下的枝条皮层细胞开始解冻，剧烈变温使枝条皮层细胞反复冻融交替而受到破坏。开始受害的火龙果枝条皮层轻微发黄，之后出现裂纹及脱皮，最后局部干枯。

防治方法：①土壤适时灌水。高温天气来临时，一般选择上午10时前或下午4时后对火龙果植株根部进行土壤灌水，降低日光温室内部温度，减少日灼发生。喷灌一般选择在下午太阳下山后或6时左右进行，切记不可中午12时至下午3时之间进行喷灌，傍晚喷灌能降低枝条温度，晚上温度适宜时能恢复生长，从而抵抗第二天高温，降低日灼的伤害。②喷布保护剂。近年来，日光温室火龙果种植者在预防日灼病发生方面，主要通过在塑料薄膜上撒施泥浆、喷布降温剂来有效解决日光温室内的强光和高温问题，从而减轻日灼对火龙果枝条的伤害。③遮阳。通过搭设遮阳网，可有效缓解日灼对日光温室火龙果枝条的伤害。生产上选择遮阳率在60%～70%的黑色遮阳网覆盖于塑料薄膜正上方即可。④合理整形修剪，提高枝条营养。整形修剪能使火龙果植株储存大量有机物质，枝条表面呈绿色，健壮饱满，抵抗日灼能力增强。北方大部分地区3—4月外界气温时高时低、变化不定，容易造成霜冻和日灼，此时日光温室中的火龙果枝条萌芽力相对较弱，萌芽时间间隔15天左右，待枝芽长至3～5厘米时，及时修剪，能够保持枝条营养，降低日灼对火龙果枝条的伤害。枝芽较短时，不易被发现，修剪难度大；枝芽较长时，树体营养被过度消耗，使枝条有萎缩的趋势，从而更易被灼伤。⑤及时通风、揭去塑料薄膜。每年3月初，密切关注天气情况，适时打开塑料薄膜的上下通风口，使之形成对流，可迅速降低温室内部的高温，从而减轻日灼的伤害。若外界温度达到20℃以上时，应将整张塑料薄膜揭去，改变产生高温、强光的条件，可有效避免日灼对火龙果枝条的伤害。

2.寒害

寒害概况：火龙果是热带水果，对低温敏感，许多地区引种栽培后，常因低温天气遭受寒害，寒害成为火龙果产业发展的主要限制因素。

危害症状：火龙果生长的最适温度为25 ～ 35℃，当最低温度达0℃以下时，火龙果成熟枝条可能遭受冻害，冻害引起火龙果组织脱水而结冰，老枝可能出现组织受伤或死亡；当最低温度达0 ～ 8℃时，火龙果可能遭受寒害，1 ～ 2年生枝条可能出现散发性的黄色霜冻斑点，严重的可导致植株死亡；当温度达8 ～ 15℃时，火龙果嫩梢可能出现冷害，嫩枝可能出现铁锈状斑点（图4-21、图4-22）。

图4-21 受寒害火龙果枝条症状

图4-22 受寒害火龙果果园

发病条件：火龙果在低于0℃且持续时间大于48小时、低于－2℃且持续时间大于24小时就会发生冻害。

防治方法：①园地选择。在易受寒害的种植区，应选择地势较高、坐北朝南、南面开阔的园地，最好在园地四周有防风林，可降低霜冻的危害程度。②增施热性肥。冬季增施热性肥如羊粪、马粪、纯猪粪、蚕粪、禽粪等，也可以秸秆堆肥以提高地温，增强树体抵抗力。③覆盖果树。霜冻来临前，可以用薄膜制作拱棚覆盖幼龄植株或苗圃；可用稻草包扎大龄火龙果主茎，或用薄膜或稻草等进行覆盖。④喷防冻药剂或叶面肥。霜冻来临前对植株喷施芸苔素、有机腐殖酸液肥、磷酸二氢钾等，提高树体抗寒能力。⑤果园灌水、喷淋植株。冬季长时间没有有效降雨时，结合天气预报，在冷空气来临前给果园灌水，增加地表温度和果园土壤湿度，使土壤夜间降温减缓，起到防冻的效果。已经遭受霜冻危害的植株，在霜冻当天早上太阳未出来前对植株上部进行喷水除霜，减轻霜冻危害。⑥果园熏烟。结合天气预报，在冷空气来临前的晚上在果园内熏烟，可提高果园的温度，并阻挡冷空气的下降沉积，可适当添加硫黄，使熏烟效果更佳。

二、火龙果主要害虫及其防治

火龙果田间调查发现，危害比较严重的害虫有实蝇、斜纹夜蛾、介壳虫、蚂蚁、蚜虫等，鸟类和鼠类也可造成一定危害。根据火龙果生长期可将害虫归纳为两类，一类为生长及花苞期害虫，如蛾类幼虫、蓟马、蚜虫、甲虫类等；另一类为结果期害虫，如瓜实蝇、东方果实蝇、粉蚧、椿象类、甲虫类、蚂蚁类等。目前利用适当的物理防治技术和诱杀技术，如使用套袋、反光彩带、灯光诱捕器、含毒甲基丁香油果实蝇诱杀剂（器）、性费落蒙诱杀剂（器）等，除了可进行田间害虫发生密度的监测，了解害虫发生种群动态，还可作为检测减轻害虫危害效果及评估防治管理时机的依据。上述措施也是当前火龙果栽培过程中较为简便有效的害虫管理模式，不但可以减少农药使用，还可以提前预防害虫危害，有效减少损失。

（一）橘小实蝇

1.发生与危害 橘小实蝇［*Bactrocera dorsalis* (Hendel)］属双翅目实蝇科。主要危害火龙果果实，一般果实转色后散发香味，吸引雌成虫产卵进行危害，卵产于果皮与果肉之间，卵孵化后幼虫潜食果肉，造成果实腐烂或提早落果，影响果实品质（图4-23）。

2.形态特征 卵梭形，乳白色，长约1毫米，宽约0.1毫米。幼虫蛆形，黄白色，老熟时体长约10毫米。蛹椭圆形，淡黄色，长5毫米，宽约2.5毫米。

图4-23 火龙果果实内蝇蛆及受害症状

成虫体长6～8毫米，翅透明，虫体深黑色和黄色相间（图4-24）。胸部背面大部分黑色，但黄色的U形斑纹十分明显。腹部黄色，第一节和第二节背面各有1条黑色横带，第三节中央有1条黑色纵带直抵腹端，构成一个明显的T形斑纹。雌虫产卵管发达，由3节组成。

图4-24 橘小实蝇成虫

3.生活习性 橘小实蝇一年发生3～5代，世代重叠明显。成虫全天均可羽化，但以上午8—9时羽化最多。成虫晴天喜在果园飞翔，交配后产卵管刺入果皮下1～4毫米处，把卵产在果皮下。成虫飞行能力强，活动范围大，可进行长距离飞行，寿命长，能在野外生活4～5个月，其活动、取食、产卵和交配多发生在上午11时之前或下午4时至黄昏。田间4月成虫数量开始上升，5—9月数量较多，10月虫量急剧下降。成虫羽化后经历一段时间方能产卵，每头雌虫产卵200～400粒，多的达1 800粒，卵分多次产出。

成虫一生可交配多次，雌虫喜欢在植物新的伤口、裂缝等处产卵，不喜欢在已有幼虫危害的果实上产卵。幼虫孵化后数秒钟便开始活动，昼夜不停地取食危害，群集于果肉吸食果汁，被害果肉成糊状，但外表难以辨别。幼虫共3龄，三龄期食量最大，危害最重。老熟幼虫弹跳入土化蛹，或随被害果落地，随后脱果入土化蛹，入土深度通常在3 ～ 7厘米。

橘小实蝇生长发育和繁殖的最适温度为20 ～ 30℃，在此温度下，温度越高，发育越快，发育历期缩短，产卵量较高，种群数量增长快。在35℃高温条件下发育历期缩短，产卵量明显减少。在15 ～ 20℃的低温条件下，生长发育缓慢，各虫态历期长，种群增长较慢。

4.防治方法

①农业防治。捡除虫果：及时清除落果、烂果，经常摘除树上的虫果。深埋：挖深坑，深埋虫果、落果、烂果并盖土50厘米以上，将土夯实，土太浅，幼虫仍会化蛹羽化。水浸：将虫果、落果、烂果倒入水中浸泡，水浸时间为8天以上，也可用80%敌敌畏乳油800倍液、90%敌百虫可溶性粉剂1 000倍液或50%灭蝇胺可湿性粉剂7 500倍液浸泡2天以上。沤肥：把收集的虫果、落果、烂果倒入沤肥的水池中长期浸泡，或放入较厚的塑料袋内，扎紧袋口，自然存放10 ～ 15天，使幼虫窒息死亡。适当早采：进入采收期的火龙果，可比正常采收时间提早5 ～ 7天采收，以避开橘小实蝇的危害高峰期，从而减少危害；一般果实成熟度越高，橘小实蝇危害越严重。套袋：可采用套袋防治橘小实蝇，套袋既可改善外观品质，又可预防橘小实蝇的危害；从幼果期开始进行果实套袋，袋口要扎紧，袋的底部要穿孔透气；套袋前，应先做好其他病虫害的防治工作。

②诱杀防治。性诱剂诱杀：用诱蝇醚（甲基丁香酚）性诱剂诱杀雄成虫，每20 ～ 30天加1次药，每亩挂性诱瓶3 ～ 5个；对雄性成虫长时间的诱杀，可使果园中的橘小实蝇虫口数量大幅下降，用诱蝇醚诱杀成虫的时间一般在3—10月。饵料诱杀：当田间橘小实蝇危害严重时，在果实膨大期至果实转色期，每亩可喷施0.02%多杀霉素饵剂100毫升。黏剂诱捕：利用橘小实蝇成虫喜欢在即将成熟的黄色果实上产卵的习性，采用黄色粘板诱捕成虫，每亩悬挂黄板20 ～ 30张，每60天左右换1次黄色粘板；或者用涂有昆虫物理诱黏剂（黄色）的矿泉水瓶诱捕成虫，每亩悬挂

20 ～ 30个，每50天涂1次诱黏剂。

③化学防治。施药应在上午9—11时和下午4—6时的成虫活跃期进行，10 ～ 15天喷1次，连喷3 ～ 4次。可用10%氯氰菊酯乳油1 500 ～ 2 000倍液、2.5%溴氰菊酯乳油1 500 ～ 2 000倍液、25%马拉硫磷乳油1 000 ～ 1 500倍液、80%敌敌畏乳油1 000 ～ 1 500倍液或1.8%阿维菌素乳油1 000 ～ 1 500倍液进行防治。

（二）瓜实蝇

1.发生与危害　瓜实蝇（*Bactrocera cucurbitae* Coquillett）属双翅目实蝇科。该虫于开花期即进入果园内产卵危害花苞，造成花器受损，影响后续生长。雌蝇产卵于火龙果幼果，虽产于幼果的虫卵孵化后幼虫无法存活，但雌蝇产卵造成的幼果伤口已影响果实质量。瓜实蝇也危害成熟果实，幼虫孵化后潜食果肉，造成果实腐烂或提早落果，影响果实品质。

2.形态特征　卵为乳白色，体细长，0.8 ～ 1.3毫米。幼虫初为乳白色，长约1.1毫米，老熟幼虫米黄色，长10 ～ 12毫米。蛹初为米黄色，后为黄褐色，长约5毫米，圆筒形。

成虫体型似蜂，黄褐色至红褐色，长7 ～ 9毫米，宽3 ～ 4毫米，翅长7毫米，初羽化的成虫体色较淡。复眼茶褐色或蓝绿色(有光泽)，复眼间有前后排列的2个褐色斑，后顶鬃和背侧鬃明显；翅膜质，透明，有光泽，亚前缘脉和臀区各有1个长条斑，翅尖有1个圆形斑，径中横脉和中肘横脉有前窄后宽的斑块；腿节淡黄色。腹部近椭圆形，向内凹陷如汤匙，腹部背面第三节前缘有1条狭长黑色横纹，从横纹中央向后直达尾端有1条黑色纵纹，形成1个明显的T形；产卵器扁平坚硬（图4-25)。

图4-25　瓜实蝇成虫

3.生活习性 瓜实蝇成虫羽化交配后，雌虫产卵于果皮下，卵孵化为幼虫蛀食果肉，幼虫老熟后从果实中脱果入土化蛹，一般以蛹越冬，待新成虫羽化后进入下一世代发育。成虫羽化后9～11天营养补充达到性成熟后出现交尾行为，黄昏时开始交尾直到第二天早晨分开；该虫具有多次交尾习性，一生交尾4～8次，交尾容易受到温湿度影响，同时会受日出日落早晚的影响而出现差异。瓜实蝇雌虫交尾2～3天后开始产卵，喜在幼嫩瓜果表皮和破损部位产卵，卵块竖状排列，同一产卵孔可被多头雌虫多次产卵，雌虫未交尾也能产卵，但卵不会孵化。雌虫一生平均产卵764～943粒，每天产卵9～14粒，产卵期长达48～68天。

4.防治方法 参考橘小实蝇。

（三）棉蚜

1.发生与危害 棉蚜（*Aphis gossypii* Glover）属同翅目蚜科，又名蜜虫、腻虫、油汗等。若虫、成虫以刺吸式口器刺入火龙果幼果吸食汁液，受害果面有蚜虫排泄的蜜露，易诱发霉菌滋生。棉蚜常聚集于嫩梢刺吸嫩茎，或于花苞结果期聚集于鳞片基部进行危害（图4-26、图4-27）。

图4-26 火龙果果实鳞片受棉蚜危害症状

图4-27 火龙果幼果受棉蚜危害症状

2.形态特征 卵长0.5毫米，椭圆形，初产时橙黄色，后变漆黑色，有光泽。无翅若蚜共4龄，夏季黄色至黄绿色，春秋季蓝灰色，复眼红色。有翅若蚜也是4龄，夏季黄色，秋季灰黄色，二龄后出现翅芽。腹部第一、六节的中央和第二、三、四节两侧各具1个白圆斑。

无翅孤雌蚜体长1.5 ~ 1.9毫米，卵圆形，体色有黄、青、深绿、暗绿等。触角长约为体长的一半，第三节无感觉圈，第五节有1个，第六节膨大部有3 ~ 4个；复眼暗红色；前胸背板的两侧各有1个锥形小乳突；腹管较短，黑青色，长0.2 ~ 0.27毫米，粗而圆呈筒形；尾片青色，两侧各具刚毛3根，体表被白蜡粉。有翅孤雌蚜大小与无翅胎生雌蚜相近，长卵圆形。体黄色、浅绿至深绿色。触角较体短，第三节有小环状次生感觉圈4 ~ 10个，排成一列；头胸部黑色；2对翅透明，中脉3叉；腹部第六至八节有背横带，第二至四节有缘斑（图4-28）。

图4-28　棉蚜成虫

3.生活习性　在我国1年发生约30代。棉蚜可分为苗蚜和伏蚜。苗蚜适应偏低的温度，气温高于27℃时繁殖受抑制，虫口迅速降低；伏蚜适应偏高的温度，27 ~ 28℃时大量繁殖，当日均温高于30℃时，虫口数量才减退。大雨对棉蚜的抑制作用明显，多雨的年份或多雨季节不利其发生，但时晴时雨的天气利于伏蚜迅速增殖。一般伏蚜4 ~ 5天就增殖1代，苗蚜需10多天繁殖1代，在田间世代重叠。有翅棉蚜对黄色有趋性。冬季气温高时，越冬卵数量多，孵化率高。棉蚜发生适温为17.6 ~ 24℃，相对湿度应低于70%。

天敌主要有寄生蜂、螨类、捕食性瓢虫、草蛉、蜘蛛等。其中瓢虫、草蛉控制作用较大。若生产上施用杀虫剂不当，杀死天敌过多，会导致伏蚜猖獗危害。

4.防治方法

①农业防治。在冬、春两季铲除果园杂草，消灭蚜虫。剪除

的虫枝集中销毁。

②化学防治。可选用25%吡蚜酮可湿性粉剂1 500倍液、10%吡虫啉可湿性粉剂2 000倍液、2%阿维菌素乳油1 000倍液、0.3%印楝素乳剂1 000倍液或20%丁硫克百威乳油2 000 ～ 3 000倍液喷雾防治。

（四）斜纹夜蛾

1.发生与危害 斜纹夜蛾［*Spodoptera litura* (Fabricius)］属鳞翅目夜蛾科。该虫在我国火龙果种植区均有分布，幼虫直接啃食嫩梢、幼茎及花苞，或沿着茎部棱线啃食造成火龙果茎断裂，生长延迟(图4-29)。

图4-29 斜纹夜蛾老龄幼虫危害火龙果嫩茎

2.形态特征 卵扁球形，表面具网状隆脊。初产淡绿色，孵化前呈紫黑色。雌虫成堆产卵，叠成3 ～ 4层，表面覆盖一层灰黄色鳞毛。幼虫有6龄，不同条件下可减少1龄或增加1 ～ 2龄。一龄幼虫体长达2.5毫米，体表常为淡黄绿色，头及前胸盾为黑色，并具暗褐色毛瘤，第一腹节两侧具锈褐色毛瘤。二龄幼虫体长可达8毫米，头及前胸盾颜色变浅，第一腹节两侧的锈褐色毛瘤变得更明显。三龄幼虫体长9 ～ 20毫米，第一腹节两侧的黑斑变大，甚至相连。四至六龄幼虫形态相近，六龄幼虫体长38 ～ 51毫米，体色多变，常常因寄主、虫口密度等而不同，头部红棕色至黑褐色，中央可见V形浅色纹；中、后胸亚背线上各具1个小块黄白斑，中胸至腹部第九节在亚背线上各具1个三角形黑斑，其中以腹部第一和第八腹节的黑斑为最大。

蛹体长15 ～ 20毫米，红褐至暗褐色；腹部第四至七节背面前缘及第五至七节腹面前缘密布圆形小刻点；气门黑褐色，呈椭圆形，明显隆起；腹末有1对臀刺，基部较粗，向端部逐渐变细。化蛹在茧内，为较薄的丝状茧，其外黏有土粒等。

成虫体长16 ～ 27毫米，翅展33 ～ 46毫米。头、胸及前翅褐色；前翅略带紫色光泽，具有复杂的黑褐色斑纹，内、外横线灰白色、波浪形，从内横线前端至外横线后端，雄蛾有1条灰白色宽而长的斜纹，雌蛾有3条灰白色的细长斜纹，3条斜纹间形成2条褐色纵纹；后翅灰白色，具紫色光泽。

3.生活习性　斜纹夜蛾在福建1年发生6 ～ 7代，广东年发生代数更多，上海发生5 ～ 6代，华北地区可发生3 ～ 4代。成虫白天喜躲藏在草丛、土缝等阴暗处，傍晚活跃，飞翔力强，具较强的趋光性。雌蛾把卵产于高大茂密、浓绿的边际作物叶片上，以植株中部叶片背面叶脉连接处最多。

4.防治方法

①农业防治。尽量避免与斜纹夜蛾嗜好作物（如十字花科）连作。结合田间农事操作，人工摘除卵块及群集的幼虫。

②物理防治。利用成虫的趋性，在成虫发生期，用灯光（杀虫灯、黑光灯等）和糖醋液诱杀，或者在糖醋液上加挂性诱剂诱杀，效果显著。

③生物防治。保护田间众多的自然天敌，或释放天敌，或用斜纹夜蛾核型多角体病毒杀虫剂防治三龄前幼虫，宜晴天的早晚或阴天喷雾；也可在水盆（或糖醋液盆）上悬挂斜纹夜蛾性诱剂诱杀雄蛾。

④化学防治。可用5%虱螨脲乳油1 000 ～ 1 500倍液、5%氟啶脲乳油2 000倍液、20%除虫脲乳油2 000倍液或2.5%高效氯氟氰菊酯乳油2 000 ～ 3 000倍液喷雾防治幼虫，且在三龄幼虫之前防治效果最佳。

（五）小白纹毒蛾

1.发生与危害　小白纹毒蛾（*Notolophus australis posticus* Walker）属鳞翅目毒蛾科。该虫主要以幼虫直接啃食火龙果幼茎及花苞进行危害。

2.形态特征 卵球形，直径0.7 ~ 0.8毫米，顶端稍扁平，具淡褐色轮纹。初产时浅黄色，孵化前褐黄色，中间有一黑点。幼虫体长20 ~ 39毫米，头部红褐色，体部淡赤黄色，全身多处长有毛块，且头端两侧各具长毛1束，背部有黄毛4束，胸部两侧各有白毛束1对，尾端背方亦生长毛1束，腹足5对。蛹长16 ~ 19毫米，宽7 ~ 14毫米，初化蛹时吐白色丝包住虫体，后虫体各色毛变为白色，最后变为褐色。茧椭圆形，灰黄色，表面粗糙，并附着黑褐色毒毛。

雌成虫体长13 ~ 16毫米，黄白色，腹部稍暗，虫体密被灰白色短毛，无翅。雄成虫体长9 ~ 12毫米，体和足棕褐色，触角浅棕色，栉齿黑褐色。翅展约25毫米，前翅棕褐色，基线黑色，外斜；后翅黑褐色，缘毛棕色（图4-30）。

图4-30 小白纹毒蛾

3.生活习性 幼虫孵化时先在卵壳咬一小圆孔，然后头部慢慢钻出，最后全身爬出卵壳，昼夜可见孵化现象。雄性成虫刚羽化时双翅湿润、柔软，折叠向腹部弯曲，翅面皱缩状，随后双翅逐渐展开，羽化完成，羽化后的雄虫寻找雌虫交配。雌性成虫羽化时无翅，头部有2个黑点，柔软，出来后后足紧紧抓住茧，挂在空中，8 ~ 10小时后开始产卵。产卵时尾部弯曲到与茧接触，然后把卵产在茧上。

4.防治方法

①农业防治。及时除去卵块，在低龄幼虫集中危害时将其摘除。

②生物防治。天敌有黑卵蜂、啮小蜂、寄蝇、绒茧蜂等，可利用天敌取得较好的防治效果。

③化学防治。可用25%除虫脲可湿性粉剂1 500 ～ 2 000倍液、5%高效氯氟氰菊酯乳油1 500 ～ 2 000倍液、10%阿维菌素悬浮剂1 500 ～ 2 000倍液、25%杀虫双水剂500 ～ 1 000倍液、2.5%溴氰菊酯乳油1 500 ～ 2 000倍液或20%氯虫苯甲酰胺水分散剂3 000 ～ 5 000倍液进行防治。

（六）茶黄蓟马

1.发生与危害　茶黄蓟马（*Scirtothrips dorsalis* Hood）属缨翅目蓟马科，又名茶黄硬蓟马。若虫和成虫于火龙果嫩茎、花苞及幼果上进行危害，造成嫩茎生长受阻。在花苞和近果柄的果皮表面锉吸，使果实外观产生褐色粗糙的疤痕或小裂痕（图4-31）。

图4-31　茶黄蓟马危害火龙果幼果

2.形态特征　卵淡黄色，肾形。若虫初孵时乳白色，体长约0.3毫米，复眼红色，二龄若虫后期体色呈淡黄色，复眼黑褐色，体形似成虫，体长约0.9毫米，无翅芽；三龄若虫长出翅芽，停止取食，被称为预蛹（前蛹），体黄绿色，触角可活动；四龄若虫称为蛹（后蛹），橘黄色，触角翻折于前胸背板中央，复眼暗红色，足与翅芽透明（图4-32）。

图4-32　茶黄蓟马若虫

成虫体长约1毫米，黄色。触角8节，复眼灰黑色突出，单眼鲜红色，呈三角形排列。2对翅狭长，灰色透明，翅缘多细毛。

3.生活习性 1年发生10～11代，田间世代重叠现象严重。在我国海南无越冬现象，一般温度低于10℃时，若虫、成虫静伏于嫩茎或果实鳞片内，温度回升后又出来活动。1年中以2—4月虫口最少，5月虫口数量上升，7—8月因高温及台风雨的影响，虫口波动较大，9月虫口迅速上升，9月下旬至10月虫口达到高峰，为全年的严重危害期,12月后虫口下降。各虫态历期：卵期5～8天，若虫期5～8天，蛹期5～8天，成虫寿命7～25天。5—10月完成1个世代需11～21天。成虫较活跃，受惊后会弹跳飞起，1天中以上午9—12时和下午3—5时活动、交尾、产卵最盛。成虫无趋光性，但对色板有趋向性。

4.防治方法

①农业防治。注意清园，清除茶黄蓟马容易越冬的杂草等残体。田间蓟马数量受降水量、空气湿度和土壤水分影响较大，因此可以通过灌水淹死在土壤中的蛹和若虫。

②物理防治。利用茶黄蓟马趋性诱杀：晚上利用杀虫灯诱杀，白天利用色板诱杀，诱杀茶黄蓟马的色板一般使用黄板、蓝板、白板。合理覆盖地膜：茶黄蓟马具有入土化蛹的习性，地膜覆盖可以阻断茶黄蓟马入土化蛹，使其脱水致死；使用银黑双色膜有很好效果，黑色面向下抑制杂草并保持土壤水分，银色面向上反光可趋避一些昆虫和鸟，同时对一些光照不足地区的火龙果的开花转色有促进作用。套袋：利用套袋进行物理隔离，能够有效地防止茶黄蓟马直接危害火龙果果实。

③生物防治。茶黄蓟马的天敌主要有捕食性蝽、寄生蜂、捕食螨等，可以利用其天敌以虫治虫。

④化学防治。可选用60克/升的乙基多杀菌素悬浮剂1 500～2 000倍液、20%呋虫胺可溶粉剂1 000～1 500倍液、22%氟啶虫胺腈悬浮剂10 000～15 000倍液、21%噻虫嗪悬浮剂4 000～7 000倍液、5%吡虫啉可溶液剂1 500～2 500倍液、20%啶虫脒可湿性粉剂6 000～8 000倍液或10%溴氰虫酰胺可分散油悬浮剂1 000～1 500倍液喷施于嫩茎、花苞及幼果上进行防治。

（七）黄胸蓟马

1.发生与危害　黄胸蓟马［*Thrips hawaiinensis* (Morgan)］属缨翅目蓟马科，又名夏威夷可可蓟马、黄胸蓟马、花蓟马。该虫可危害火龙果幼果、嫩茎和花，以若虫、成虫锉吸火龙果组织。密度低时不会造成花器损害，有时还可协助花器授粉（图4-33、图4-34）。

图4-33　黄胸蓟马危害火龙果花

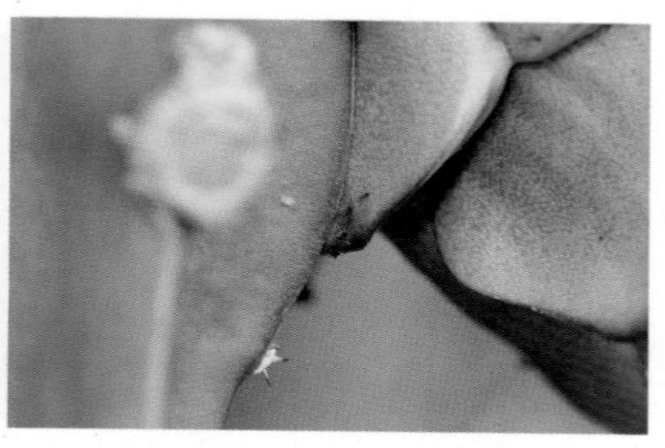

图4-34　黄胸蓟马危害火龙果幼果

2.形态特征　卵肾形，淡黄白色。若虫体型与成虫相似，但体较小，色较淡，为淡褐色，无翅，眼较退化，触角节数较少。

雌成虫体长1.2 ~ 1.4毫米，胸部色淡，常呈橙黄色，腹部黑褐色，腹部第二至第七节各有12 ~ 16根副鬃；头宽大于长；触角7或8节，第三节黄色，其余各节褐色；前胸略宽于头，背板上布满交接横纹和鬃，前胸背板前角有短粗鬃1对，后角有短粗鬃2对；翅狭长，周缘有较长的缨毛，前翅灰棕色，有时基部稍淡，较后翅宽；足色淡于体色。雄成虫体黄色，体比雌成虫略小，长0.9 ~ 1.0毫米。

3.生活习性　1年发生10多代。成虫、若虫隐匿在花中，受惊时成虫会振翅飞逃。雌成虫产卵在花心或花瓣表皮下面。若虫、成虫取食时，用口器锉碎植物表皮吮吸汁液。此虫食性很杂，可在不同植物间转移危害。高温、干旱有利于此虫大发生，多雨季节则较少发生。

4.防治方法 参考茶黄蓟马。

（八）仙人掌白盾蚧

图4-35 仙人掌白盾蚧危害火龙果植株

1.发生与危害 仙人掌白盾蚧［*Diaspis echinocacti* (Bouche)］属半翅目盾蚧科。源于美洲大陆，只要有仙人掌种植的地方都有分布。该虫以雌成虫和若虫聚集危害，吮吸火龙果汁液，造成茎叶发白，影响植株生长发育，使茎片脱落。严重时，茎部出现腐烂，或使植株白化致死（图4-35）。

2.形态特征 卵圆形，长0.3毫米左右，初产时乳白色，后渐变深色。初孵若虫为淡黄色至黄色，触角6节；体长0.3 ~ 0.5毫米；二龄以后，若虫雌雄区别明显；雌虫介壳近圆形，虫体淡黄色，状似雌成虫；雄虫介壳开始增长，虫体也渐变长，淡黄色。雄蛹黄色，复眼黑色，长0.8毫米左右。

成虫体长1 ~ 1.2毫米，宽0.28毫米。雌成虫体阔，陀螺形，自由腹节侧缘略突出；前胸后侧角不突出；触角上有1刚毛。腺刺在中臀叶与第二臀叶间1个，第二、三臀叶间1个，第三臀叶与第四腹节的缘突间2个。中臀叶不内陷，两叶分开，中间有1对刚毛，第二、三臀叶双分，端圆。雄成虫介壳白色、蜡质、狭长，后端稍阔，背面有3条纵脊线，中脊线特别明显，前端隆起，后端较扁平；蜕皮壳位于前端，黄色；介壳长0.9 ~ 1毫米，宽0.28毫米。

3.生活习性 两性生殖，世代重叠现象明显。一年发生2 ~ 3

代；以雌成虫在寄主的肉质茎上越冬。温室内于每年2月上旬开始，若虫大量出现，多集中在肉质茎叶的中上部，虫口密度大时，介壳边缘相互紧密重叠成堆，紧贴在肉质茎叶上，吮吸危害。雌虫平均产卵150个，最多276个，寿命约230天。27℃时，从卵发育为雌成虫需23天、雄成虫需24天。一个世代50天左右。若虫可以爬行扩散到植株的其他部位，也可以通过风或其他昆虫的携带进行扩散。成虫和卵的扩散主要通过寄主植物远距离传播。

4.防治方法

①生物防治。仙人掌白盾蚧的天敌有很多，利用其自然天敌如蚜小蜂、跳小蜂、管蓟马、瓢虫等进行防治。

②化学防治。在发生早期，虫斑数量少时，及早刷除介壳虫体，可用毛刷或干布蘸取4%中性洗衣粉液手工刮刷，清净虫斑的同时要更换栽培基质。若虫孵化盛期，选喷80%敌敌畏乳油1 000倍液、99%矿物油乳油150 ～ 300倍液或50%马拉·杀螟松乳油1 000至1 500倍液，每隔7天喷1次，连续喷3次。防治后，要经常检查虫斑，防治效果不好的要补防。

（九）长尾粉蚧

1.发生与危害　长尾粉蚧［*Pseudococcus longispinus* (Targioni-Tozzetti)］属同翅目粉蚧科，又名拟长尾粉蚧。长尾粉蚧多发生在高温、高湿、阳光不足处，在火龙果幼果上刺吸吸食养分，严重发生时，分泌大量蜜露，诱发煤烟病，严重影响果实生长（图4-36、图4-37）。

2.形态特征　卵长椭圆形，淡黄色，产于白色絮状卵囊中。若虫长椭圆形，体长0.5 ～ 2.5毫米，初孵若虫为淡黄色，随虫龄的增加体色逐渐转为淡紫色，薄被白粉，外形与雌成虫相似，具有明显的1对尾刺。雌成虫体呈细长椭圆形，体长3 ～ 4毫米，淡黄褐色，外被白粉状蜡质物，体周缘有17对细长白色蜡质分泌物突起，尾端3对较其他部位的长，其余均等长；触角8节；胸部及第一至五腹节背侧各具2 ～ 3个大或小2种类型的分泌管。雄成虫

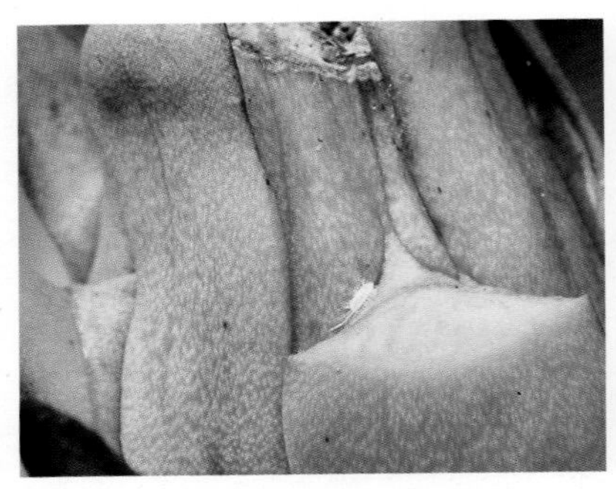

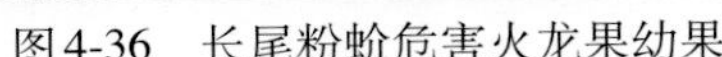

图4-36 长尾粉蚧危害火龙果幼果　　图4-37 长尾粉蚧危害火龙果成熟果实

体长约2毫米，虫体前端纤细，头、胸、腹分明；胸中部有1对翅，翅薄具金属光泽。

3.生活习性 雌成虫行孤雌生殖，可产卵100 ~ 200粒，卵聚集成块。若虫孵化20天后开始性别分化。发生危害时期不规则，全年均可发生，平均完成1代需4 ~ 5周，世代重叠，在夏季温暖干燥的时期可同时见各虫态个体。

4.防治方法

①农业防治。加强栽培管理，促进抽发新梢，恢复和增强树势，以提高植株的抗虫能力。

②生物防治。保护利用好长尾粉蚧的天敌，在调查观察虫情时，不仅要注意害虫发生数量的多少，而且要观察天敌存在数量的多少，当寄生菌和寄生蜂的寄生率高、发生量大时，能控制害虫大发生，此时应尽量避免使用药剂。若暂时不能抑制，必须用药时，也应尽量避免杀伤天敌。我国已经发现长尾粉蚧的天敌有瓢虫、蚜小蜂、跳小蜂等。

③化学防治。做好虫情测报，掌握一龄若虫的盛发期，此时喷药效果最好。一般是15天喷药1次，连续2 ~ 3次。防治长尾粉蚧的有效药剂有：50%马拉硫磷乳油1 000 ~ 1 500倍液、50%辛硫磷乳油800 ~ 1 000倍液、95%哒螨灵乳油100 ~ 200倍液或20%噻嗪酮可湿性粉剂2 500 ~ 3 000倍液。

（十）稻绿蝽

1.发生与危害　稻绿蝽［*Nezara viridula* (L.)］属半翅目蝽科，又名稻青蝽。该虫主要危害火龙果花苞，或于果实期危害幼果，或套袋后隔袋吸食成长中果实的汁液，造成花苞及果实伤口，进一步引发病害。

2.形态特征　卵杯形，长1.2毫米，宽0.8毫米，初产黄白色，后转红褐色，顶端有盖，周缘白色，精孔突起呈环，24 ～ 30个。老熟若虫体长7.5 ～ 12毫米，以绿色为主，触角4节，翅芽伸达第三腹节，前胸与翅芽散生黑色斑点，外缘橙红色，腹部边缘具半圆形红斑，中央也具红斑，足赤褐色，跗节黑色。

成虫分全绿型、黄肩型和点绿型3种，全绿型较为常见。全绿型体长12 ～ 16毫米，宽6 ～ 8.5毫米，长椭圆形，青绿色，腹下色较淡；头近三角形，触角5节，基节黄绿色，第三、四、五节末端棕褐色；复眼黑色，单眼红色；喙4节，伸达后足基节，末端黑色；前胸背板边缘黄白色，侧角圆，稍突出，小盾片长三角形，基部有3个横列的小白点，末端狭圆，超过腹部中央；前翅稍长于腹末；足绿色，跗节3节，灰褐色，爪末端黑色（图4-38）。

图4-38　稻绿蝽成虫

3.生活习性　在海南年发生5代。以成虫在杂草、土缝、灌木丛中越冬。卵的发育起点温度为12.2℃，若虫为11.6℃。卵成块产于寄主叶片上，规则地排成3 ～ 9行，每块60 ～ 70粒。一、二龄若虫有群集性。若虫和成虫有假死性。成虫有趋光性和趋绿性。

4.防治方法

①农业防治。在冬季清除果园杂草，以消灭部分成虫。

②化学防治。在成虫和若虫危害期，喷施50%马拉硫磷乳油

1 000倍液或4.5%高效氯氰菊酯乳油2 000 ~ 3 000倍液，均可有效防治该虫。

（十一）麻皮蝽

1.发生与危害 麻皮蝽［*Erthesina fullo* (Thunberg)］属半翅目蝽科，又名麻椿象、黄斑蝽、麻纹蝽。该虫主要危害火龙果花苞和果实，使被害部位出现斑点，影响果实品质。

2.形态特征 卵馒头形或杯形，直径约0.9毫米，高约1毫米，初产时乳白色，渐变淡黄或橙黄色，顶端有一圈锯齿状刺；聚生排列成卵块，每块为12粒。初孵若虫体椭圆形，黑褐色，体长1 ~ 1.2毫米，宽0.8 ~ 0.9毫米，胸部背面中央有淡黄色纵线。老龄若虫体似成虫，黑褐色，密布黄褐色斑点。

图4-39 麻皮蝽

雌成虫体长19 ~ 23毫米，雄成虫体长18 ~ 21毫米，体黑褐色，密布黑色刻点和细碎不规则黄斑（图4-39）。头部较狭长，侧叶与中叶末端约等长，侧叶末端狭尖；触角黑色，第一节短而粗大，第五节基部1/3为浅黄白色或黄色；喙淡黄色，末节黑色，伸达腹部第三节后缘；头部前端至小盾片基部有一条明显的黄色细中纵线；前胸背板、小盾片黑色，有粗刻点和许多散生的黄白小斑点；各腿节基部2/3浅黄色，两侧及端部黑褐色，胫节黑色，中段具淡绿色白色环斑；腹部侧接缘各节中间具小黄斑，腹面黄白色，节间黑色，两侧散生若干黑色刻点，气门黑色，腹面中央具1条纵沟，长达第六腹节。

3.生活习性 在我国海南年发生3代，卵期4 ~ 7天。若虫期21 ~ 33天，完成1代需25 ~ 40天。世代历期与温度、食物密切相关，产卵后的雌成虫、雄成虫的寿命也因此而有差异。成虫寿命最短的11 ～ 17天，最长的21 ～ 29天。

羽化后成虫原地静伏或向枝干作短距爬行，待翅展完全后即可飞行，取食嫩梢、叶片、果实。交配后的雌虫1 ～ 2天开始产卵，卵多产在叶片背面或嫩枝的芽眼处，卵排列整齐，聚集成卵块。雌虫一生产卵126 ～ 173粒。成虫飞翔力较强，有群集习性，喜在向阳的树冠中、上部位栖息。日落后成虫、若虫开始进入枝叶浓密、干燥的叶片背面隐蔽。若虫共5龄，初孵若虫先群集静伏在卵块附近，经5 ～ 10小时后开始就近取食活动，一、二龄具群集习性，三龄开始离群，分散活动。

4.防治方法 参考稻绿蝽。

（十二）稻棘缘蝽

1.发生与危害 稻棘缘蝽（*Cletus punctiger* Dallas）属半翅目缘蝽科。该虫主要危害火龙果花苞和果实，危害特点与麻皮蝽相似（图4-40、图4-41）。

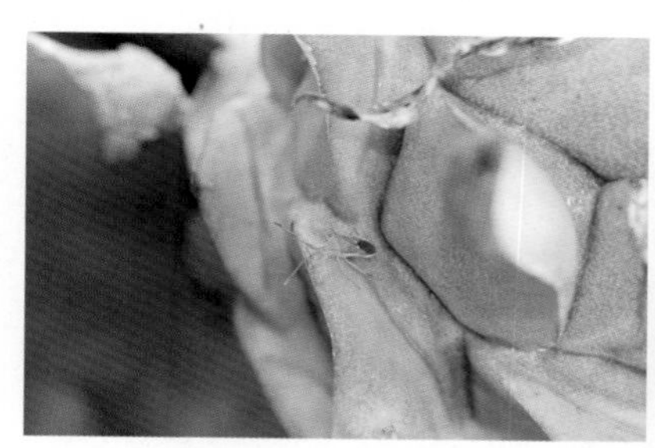

图4-40 稻棘缘蝽危害火龙果幼果

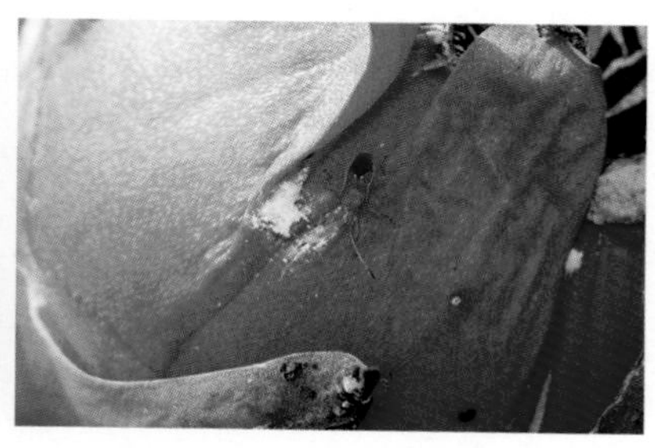

图4-41 稻棘缘蝽危害火龙果成熟果实

2.形态特征 卵长1.3 ～ 1.4毫米，宽约0.8毫米，略呈梭形，前端较尖，后端较钝，渐向中央纵隆起；初产乳白色半透明，后变淡黄白色半透明，表面光滑发亮；卵盖位于较尖一端的上方，隐约可见，孵前在卵盖的近边缘处呈现2个红色小眼点。若虫共5龄，二龄前为长椭圆形，四、五龄略呈梭形；复眼红褐色，触角与身体等长，与头部同色，第二、三节扁平椭圆形；前足基节、腿节和各足胫节及第一、二跗节白色，各足胫节具4个紫黑环纹；腹部黄绿色。

成虫体长10 ~ 11.2毫米，宽2.8 ~ 3.6毫米，略呈长椭圆形。背面黄褐色，腹面淡黄褐色；触角前3节杆状，第一节较粗大，第三节细短，第四节略呈纺锤形，色亦稍深；前胸背板前后同色，前部明显向前下倾，后部平坦；侧角刺细长，略向上翘，并略前倾，其后缘稍内弯，尖端色亦稍深。

3.生活习性 广东、云南、广西南部无越冬现象。羽化后的成虫于7天后在上午10时前交配，交配后4 ~ 5天将卵产在火龙果的茎上，卵2 ~ 7粒排成纵列。卵期6 ~ 11天，若虫期22 ~ 50天，成虫寿命为18 ~ 25天。

4.防治方法

①农业防治。结合秋季清洁田园，认真清除田间杂草，集中处理。

②化学防治。在低龄若虫期使用50%马拉硫磷乳油1 000 ~ 1 500倍液、2.5%溴氰菊酯乳油2 000 ~ 2 500倍液或10%吡虫啉可湿性粉剂1 500 ~ 2 000倍液喷施火龙果花苞和果实。

（十三）条蜂缘蝽

1.发生与危害 条蜂缘蝽（*Riptortus linearis* Fabricius）属半翅目缘蝽科。该虫主要危害火龙果茎部、花苞和果实（图4-42）。

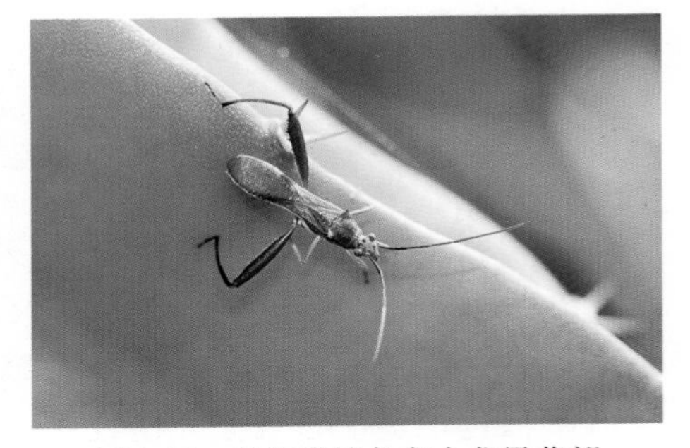

图4-42 条蜂缘蝽危害火龙果茎部

2.形态特征 卵长1.3 ~ 1.4毫米，宽0.9 ~ 1毫米，半卵圆形，正面平坦；初产时暗蓝色，渐变黑褐，近孵时黑褐色微显紫红；卵壳表面散生少量白粉，略有金属光泽；假卵盖位于正面的一端，周缘有5 ~ 7个精孔突。若虫一至四龄体似蚂蚁，腹部膨大，但第一腹节小；一龄体长2.5 ~ 2.7毫米，紫褐色或褐色，头大而圆鼓，触角长于体长；二龄体长4.2 ~ 4.4毫米，头在眼前部分成三角形，触角略长于体；三龄体长6.2 ~ 6.5毫米，复眼突出，黑褐色，触角与体长约相等；四龄体长9.1 ~ 9.8毫米，胸部长度显著短于腹部长度，前胸背板后部向上成片状翘起，边缘紫色；五龄体长10 ~ 11.3毫米，灰褐或黑褐色，前胸背板后部呈片状翘起。

成虫体长13.2 ~ 14.8毫米，宽3.2 ~ 3.3毫米，体形狭长，浅棕色。头在复眼前呈三角形；复眼大而突出，黑色，单眼突出，赭红色；触角4节。前胸背板向前下倾，后缘呈2个弯曲，侧角刺状。后足腿节基部内侧有1个显著的突起，胫节稍弯曲，其腹面顶端具齿1枚。

3.生活习性　1年发生3代。初孵若虫在卵壳上停息半天后，即可开始取食。成虫交尾多在上午进行，每次交尾持续时间35分钟至2小时。成虫一般将卵产于火龙果茎上，散产，偶聚产成行。雌成虫每次产卵5 ~ 14枚，多数情况为7枚，一生可产卵14 ~ 35枚。

4.防治方法　同稻棘缘蝽。

（十四）食芽象甲

1.发生与危害　食芽象甲（*Scythropus yasumatsui* kone et Merimoto）属鞘翅目象甲科，又名枣飞象、枣月象、小灰象鼻虫。食芽象甲成虫取食危害火龙果果实鳞片，使受害鳞片呈半圆形或锯齿状缺刻，严重影响火龙果外观和商品价值（图4-43至图4-45）。

图4-43　受食芽象甲危害的火龙果幼果鳞片

图4-44　食芽象甲危害火龙果幼果

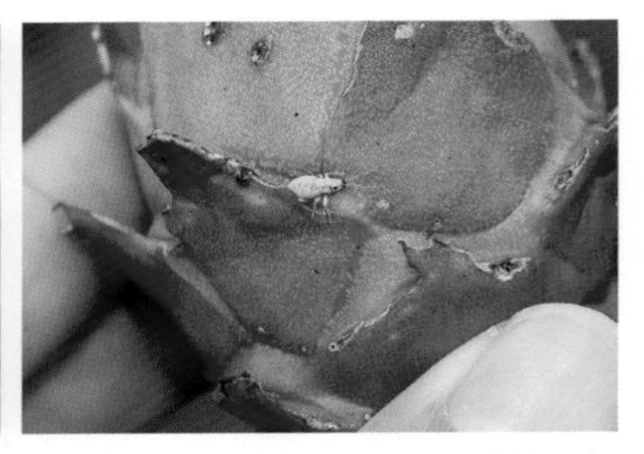
图4-45　食芽象甲危害火龙果成熟果实

2.形态特征　卵椭圆形，初产时乳白色，渐转深褐色。幼虫体长5～6毫米，前胸背淡黄色，胸腹部乳白色，体弯，各节多横皱。裸蛹长4～5毫米，初为乳白色，渐转红褐色。成虫体长5～7毫米，雌成虫土黄色，雄成虫深灰色；头喙粗短，触角12节，棍棒状，着生于头喙前端；鞘翅卵圆形，末端稍尖，表面有纵列刻点，散生有不明显的褐斑，并有灰色短绒毛。

3.生活习性　在我国海南1年1代。成虫上树后，白天晚上均可取食危害，尤其是上午10时至下午4时是食芽象甲取食危害的高峰期。成虫通常喜欢在中午活动危害，早晚多潜伏于地面。

卵期最长为13.8天，最短为9.5天。卵的自然孵化率最高为98%，最低为80%。卵常成堆分布于枝痕裂缝内或嫩芽间。幼虫在表土层内作蛹室化蛹，食芽象甲化蛹深度不超过10厘米，大多数集中分布于1～3厘米的土层中，约占总蛹数的92.3%。

4.防治方法　使用50%杀螟硫磷1 500～2 000倍、2.5%溴氰菊酯乳油4 000倍液、80%敌敌畏乳油1 000～1 500倍液等进行防治。

（十五）蚂蚁类

1.发生与危害　在火龙果栽培上，蚂蚁的危害已成为关键问题。在田间调查时发现多种蚂蚁均会对火龙果造成伤害，有些种类族群密度高时，直接取食生长点、新梢、花苞或果实，造成火龙果生长延迟或花苞果实受害（图4-46、图4-47）。有些种类还会协助搬移介壳虫或蚜虫到果实造成间接危害。但是蚂蚁族群密度低时对火龙果栽培是有益的，由于火龙果生长点会分泌蜜液（包括嫩枝、花苞及果实），因此蚂蚁取食蜜液可减少煤烟病的发生。

图4-46 受蚁害的火龙果果实出现孔洞

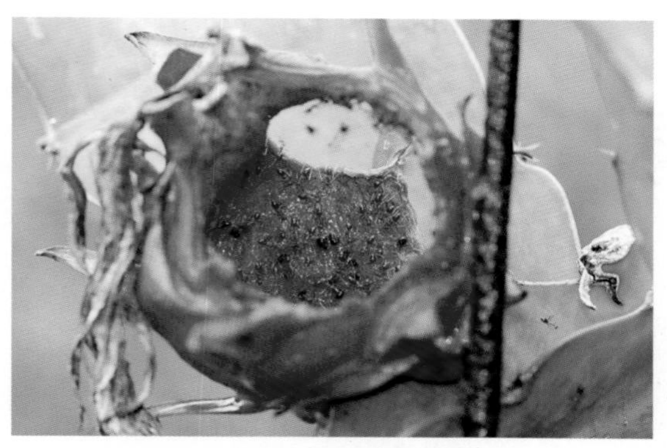

图4-47 蚁害严重的火龙果果实

2.防治方法 一般常用饵剂控制蚂蚁族群。蚂蚁防治饵剂的施用依据园区蚂蚁密度而定，一般每年施用3 ~ 4次，梅雨季节前（3—4月）、台风季节前（5—6月）及正常最后一批果收获后（10—11月）各施用一次饵剂，可有效控制园区蚂蚁密度。

三、火龙果常见其他危害

（一）蜗牛和蛞蝓类

1.发生与危害 蜗牛和蛞蝓属软体动物门，常于火龙果嫩枝生长期及果实成熟期时危害。在生长期时，蜗牛或蛞蝓爬行至新生嫩枝取食幼嫩组织，造成枝条生长不良；在果实成熟期，爬行至果实取食果皮表面，外观似被剥一层皮，虽不至于造成果实腐烂，但影响卖相或导致果实失去商品价值，所以这也是造成火龙果生产损失的重要因素之一（图4-48至4-50）。

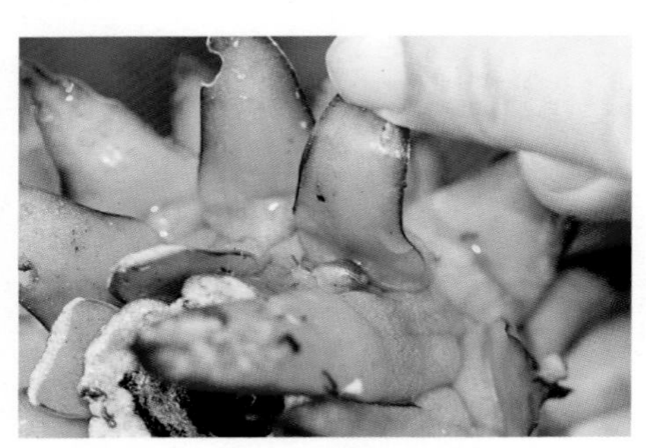

图4-48 蜗牛危害火龙果鳞片

图4-49 蜗牛危害火龙果枝条

图4-50 非洲大蜗牛危害火龙果茎干

2.防治方法 非洲蜗牛及蛞蝓等害虫的防除药剂为四聚乙醛饵剂，苦茶粕亦可作为防除用药，但由于其对水生生物有致死影响，需小心使用。

（二）鸟害

鸟害也是火龙果果农较为烦恼的危害之一，开展套袋防治及在果实成熟期架设防鸟网，可减轻鸟类直接危害。大部分火龙果果园以音波（如鞭炮）、长竹竿和反光彩带加以惊吓驱赶，也可减少鸟类取食危害（图4-51、图4-52）。

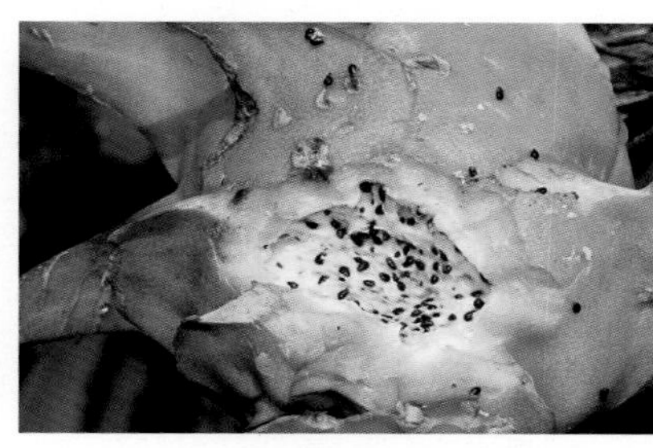

图4-51　受鸟害的火龙果幼果

图4-52　受鸟害的火龙果成熟果

参 考 文 献

胡文斌，洪青梅，李婧，等，2021. 火龙果主要商业品种SSR指纹图谱构建和遗传多样性分析[J].热带作物学报，42(5): 1310-1317.

黄凤珠，陆贵锋，武志江，等，2019. 火龙果种质资源果实品质性状多样性分析[J].中国南方果树，48(6): 46-52.

李洪立，胡文斌，洪青梅，等，2017. 30份火龙果种质资源收集保存与初步鉴定评价[J]. 热带作物学报，38(11): 2034-2039.

李洪立，胡文斌，洪青梅，等，2019. 火龙果种质资源果实特性的遗传多样性分析[J]. 热带亚热带植物学报，27(4): 432-438.

李敏，明美狡，高兆银，等，2012. 杀菌剂对火龙果革节抱属病菌的室内毒力测定[J]. 热带农业科学(4): 72-75.

李文云，彭志军，王彬，等，2010. 火龙果不同品种(品系)果肉糖、酸含量及组成分析[J] . 贵州农业科学，38(11): 215-217.

廖美娟，2019. 火龙果主要病虫害的发生特点及防治措施[J]. 现代农业科技(10): 99-103.

刘连斌，于学萍，王萍，等，2011. 火龙果生物学特性及主要病虫害防治技术[J]. 农技服务(8): 1204-1206.

孙清明，李春雨，刘应钦，等，2016. 火龙果新品种‘仙龙水晶’[J] . 园艺学报，43(S2): 2725–2726.

孙绍春，赵岩，孙猛，2019. 设施火龙果病虫害绿色防控技术[J].北方果树(6): 26-28.

田新民，李洪立，胡文斌，等，2015. 火龙果研究现状[J].北方园艺(18): 188-193.

徐磊磊，金琰，侯媛媛，等，2021. 我国火龙果市场与产业调查分析报告[J]. 农产品市场(8): 43-45.

易润华，甘罗军，晏冬华，等，2013. 火龙果溃疡病病原菌鉴定及生物学特性[J].

植物保护学报(2): 102-108.

郑伟，王彬，彭丽娟，等，2014.火龙果炭疽病病原鉴定与ITS序列分析[J]. 西南农业学(5)：1970-1973.

HUA Q Z, CHEN P K, LIU W Q, et al., 2015. A protocol for rapid in vitro propagation of genetically diverse pitaya[J]. Plant Cell Tiss Organ Cult (120): 741-745.

KIM H, CHOI H K, MOON J Y, et al., 2011. Comparative antioxidant and antiproliferative activities of red and white pitayas and their correlation with flavonoid and polyphenol content [J]. Journal of Food Science, 76 (1): 38-45.

NURLIYANA R, SYED ZAHIR I, MUSTAPHA SULEIMAN K, et al., 2010. Antioxidant study of pulps and peels of dragon fruits: a comparative study [J]. International Food Research Journal (17): 367-375.

ORTIZ-HERNANDEZ Y D, CARRILLO-SALAZAR J A, 2014. Pitaya (*Hylocereus* spp.): a short review [J]. Comunicata Scientiae, 3 (4): 220-237.

PLUME O, STRAUB SCK, TEL-ZUR N, et al., 2013. Testing a hypothesis of intergeneric allopolyploidy in vine Cacti (Cactaceae: Hylocereeae) [J]. Systematic Botany, 38(3): 737-751.

TEL-ZUR N, DUDAI M, RAVEH E, et al., 2011. In situ induction of chromosome doubling in vine cacti(Cactaceae)[J].Scientia Horticulturae (129): 570-576.